# 材料科学者のための輸送現象論

## 運動量・熱・物質の輸送を基礎から学ぶ

安田 秀幸 著

内田老鶴圃

本書の全部あるいは一部を断わりなく転載または
複写(コピー)することは，著作権および出版権の
侵害となる場合がありますのでご注意下さい．

# はしがき

　材料科学，材料工学では有益な機能を発現する物質を探索したり，優れた機能を発現する機構を解明したり，最大限に材料特性を発現するために構造や組織を制御したり，多岐にわたる材料とそれらを製造するプロセスを取り扱う．この中で，材料の組織形成や製造プロセスの基礎となる学問として，熱力学（thermodynamics）と速度論（kinetics）がある．後者は，輸送現象論（transport phenomena）や移動現象論とも呼ばれ，主に

1. 運動量の輸送：流体の流れ
2. 熱エネルギーの輸送：流れ，熱伝導，電磁波の放射と吸収，熱伝達
3. 物質の輸送：流れ，原子・分子拡散

の三つの現象とそれらの相互作用を取り扱う．いうまでもなく，輸送現象は材料科学や材料工学に関わらず広範な工学分野において基礎となる学問である．一方，それぞれの輸送現象は専門分野として確立しており，分野を越えて深く理解するには時間をかけた学習が必要である．

　おもに初学者を対象として，材料科学，材料工学における相変態，組織形成，製造プロセスと切り離すことができない運動量・熱・物質の輸送を効率的に学ぶために本書を構成した．具体的には，学部での講義内容（15 回），自習を想定した講義と関連した内容，さらに理解を確認するための演習問題が含まれている．輸送現象論は，熱力学や統計力学と関係する部分もあり，このような項目も積極的に含めている．すべての内容は，自習でも理解できるように配慮しており，必要に応じて学習する項目を組み替えることもできる．また，専門書などで運動量，熱エネルギー，物質の輸送についてより深く学ぶときにも，本書で学習した内容が理解の助けになるはずである．

　第 1 章では，運動量・熱・物質の輸送を取り扱う輸送現象論，材料科学，材料工学において輸送現象を学ぶ必要性について概説している．また，本書の内容を理解するための必要最低限の数学的基礎についても述べている．各自の学習到達度次第で，数学の教科書に戻って学習する，読み飛ばすなどの判断をし

i

ii　　はしがき

ていただければと思う.

　第2章は，流体力学に関する知識がないことを前提として，熱・物質の輸送に寄与する流れの基礎を取り扱っている．輸送現象において理解が不可欠である実質微分，静止流体の力学，流体のエネルギー収支，運動方程式を学ぶ．乱流については最小限の内容を紹介しており，より詳しい内容については流体力学，乱流の教科書・専門書に譲る.

　第3章は，熱の輸送を取り扱う．格子振動や電子が熱エネルギーの輸送を担う熱伝導，電磁波の放射や吸収による熱の輸送である熱放射を学ぶ．また，流れや相変態による発熱や吸熱を伴う熱エネルギーの輸送についても学習する．さらに，物質界面での熱輸送を取り扱う熱伝達について学ぶ．なお，第2章の流れを理解していることを前提とした項目がある.

　第4章は，物質の輸送について学ぶ．質量も熱エネルギーと同じ保存量であり，物質の輸送の基盤的な知識は第3章と共通する部分も少なくない．第3章までの項目を理解できていれば，比較的容易に学習できる.

　流体力学，熱輸送，物質輸送をより深く学習できるいくつかの参考図書[1~7]を最後に示している．本書の執筆にあたっても参考にさせていただいた.

　本書が，材料科学，材料工学に関連する輸送現象の理解を助け，さらに熱力学，統計力学，材料組織学，材料プロセス工学と有機的に結びついた知識体系への一助となれば幸甚である.

　2025年2月

安田　秀幸

# 参考図書

（1） 「輸送現象論(大阪大学新世紀レクチャー)」，大中逸雄，高城敏美，大川富雄，平田好則，岡本達幸，山内勇，大阪大学出版会，2003
（2） 「輸送現象の基礎」，宗像健三，守田幸路，コロナ社，2006
（3） 「流体力学(JSME テキストシリーズ)」，日本機械学会，2005
（4） 「伝熱工学資料　改訂第5版」，日本機械学会，2009
（5） 「伝熱工学(JSME テキストシリーズ)」，日本機械学会，2005
（6） 「材料における拡散(材料学シリーズ)」，小岩昌宏，中嶋英雄，内田老鶴圃，2009
（7） "Transport Phenomena in Materials Processing", D. R. Poirier, G. H. Geiger, Wiley-TMS, 1998

# 目　　次

はしがき ………………………………………………………………………………i

## 第 1 章　熱および物質移動を学ぶにあたって ……………………………… 1

1.1　輸送現象とは ……………………………………………………………… 1

1.2　材料科学，材料工学における輸送現象論 ……………………………… 2

1.3　輸送現象のための数学的基礎 …………………………………………… 5

　1.3.1　常微分，偏微分，全微分　5

　1.3.2　勾配，発散，回転　6

　1.3.3　円柱座標系，球座標系　9

　1.3.4　総和記号の省略　12

演習 1 ……………………………………………………………………………13

## 第 2 章　運動量の輸送 …………………………………………………………… 15

2.1　流体の性質 ………………………………………………………………… 15

　2.1.1　流体の定義　15

　2.1.2　粘度，動粘度　16

　2.1.3　流体の分類　18

　2.1.4　圧縮性，非圧縮性　20

2.2　流体運動の表現 …………………………………………………………… 20

　2.2.1　ラグランジュの方法とオイラーの方法　20

　2.2.2　流体の速度，加速度　22

　2.2.3　流体運動のテンソル表現　24

2.3　層流と乱流 ………………………………………………………………… 26

　2.3.1　流れの乱れ　26

　2.3.2　レイノルズ数　27

　2.3.3　流れによる熱と物質の輸送　28

v

vi　目　次

2.4　静止流体における力のつり合い ……………………………………… 29
　　2.4.1　圧力　29
　　2.4.2　オイラーの平衡方程式　30
2.5　流体のエネルギー収支 …………………………………………………… 32
　　2.5.1　質量保存則　32
　　2.5.2　エネルギーの収支　34
　　2.5.3　ベルヌーイの式　36
　　2.5.4　ベルヌーイの式の応用例　37
2.6　粘性流体の流れ ……………………………………………………………… 39
　　2.6.1　粘性によるエネルギー損失　39
　　2.6.2　ハーゲン-ポアズイユ流れ　41
　　2.6.3　円管内の乱流とレイノルズ応力　43
　　2.6.4　多孔質媒体中の流れ　46
2.7　流体の運動方程式 …………………………………………………………… 47
　　2.7.1　連続の式　47
　　2.7.2　流体に作用する応力　49
　　2.7.3　運動方程式(ナビエ-ストークスの式)　51
　　2.7.4　流動における圧力　54
　　2.7.5　ブシネスク近似　56
　　2.7.6　積分を用いた連続の式と運動量保存則　57
　　2.7.7　円柱座標系, 球座標系の基礎方程式　59
　　2.7.8　流れの相似則　62
2.8　粘性流れ ……………………………………………………………………… 63
　　2.8.1　境界層　63
　　2.8.2　ストークスの式　65

演習 2 ………………………………………………………………………………… 69

## 第 3 章　熱の輸送 ……………………………………………………………… 75

3.1　熱輸送の基礎 ………………………………………………………………… 75
　　3.1.1　熱力学に基づいた温度　75

目　次　vii

　　3.1.2　統計力学に基づいた温度　77

　　3.1.3　フーリエの法則　78

　　3.1.4　熱伝導　79

　　3.1.5　ヴィーデマン-フランツ則　80

　　3.1.6　電磁波による伝熱　81

　　3.1.7　熱伝達　82

　3.2　熱エネルギー保存の式……………………………………………………84

　　3.2.1　熱エネルギーの収支　84

　　3.2.2　円柱座標系，球座標系におけるエネルギー保存の式　87

　3.3　強制対流による熱伝達………………………………………………………88

　　3.3.1　境界層内の熱伝達　88

　　3.3.2　境界層流れの基礎方程式　90

　　3.3.3　支配方程式の無次元化と相似則　92

　　3.3.4　無次元数を用いた熱伝達係数　94

　3.4　乱流における対流熱伝達……………………………………………………95

　　3.4.1　レイノルズ分解　95

　　3.4.2　レイノルズ平均を用いた運動量保存則　97

　　3.4.3　レイノルズ平均を用いた熱エネルギー保存則　99

　　3.4.4　輸送に及ぼす乱流の影響に関する相似則　100

　3.5　自然対流による熱伝達………………………………………………………101

　　3.5.1　自然対流　101

　　3.5.2　浮力　103

　　3.5.3　固体壁近傍の熱伝達　104

　3.6　放射伝熱…………………………………………………………………106

　　3.6.1　黒体放射　106

　　3.6.2　黒体炉　108

　　3.6.3　プランクの法則　109

　　3.6.4　黒体の分光放射輝度　112

　　3.6.5　ステファン-ボルツマンの法則　114

　　3.6.6　ステファン-ボルツマンの法則と熱力学　116

viii　　目　　次

　　3.6.7　灰色体　117

　　3.6.8　キルヒホッフの法則　118

　　3.6.9　無限平板間の熱の輸送　120

　　3.6.10　形態係数　121

　　3.6.11　鏡面反射と拡散反射　123

　　3.6.12　ガス放射　125

　3.7　相変態を伴う熱の輸送 ………………………………………………… 128

　　3.7.1　蒸発を伴う熱の輸送　128

　　3.7.2　沸騰現象　130

　演習 3 ………………………………………………………………………… 132

# 第 4 章　物質の輸送 ……………………………………………………… 141

　4.1　物質の輸送における物理量 ………………………………………… 141

　　4.1.1　濃度・組成，速度，流束　141

　　4.1.2　拡散の駆動力　143

　　4.1.3　フィックの第 1 法則　145

　　4.1.4　運動量・熱・物質の拡散の類似性　146

　4.2　物質の輸送と質量保存 ……………………………………………… 147

　　4.2.1　多成分系の移流拡散方程式　147

　　4.2.2　拡散方程式　149

　　4.2.3　相互拡散　150

　　4.2.4　電気泳動　152

　　4.2.5　乱流拡散　153

　　4.2.6　一方拡散　153

　　4.2.7　運動量・熱・物質の輸送における基礎方程式　155

　演習 4 ………………………………………………………………………… 157

　索　　引 …………………………………………………………………… 159

# 第1章

# 熱および物質移動を学ぶにあたって

## 1.1 輸送現象とは

**輸送現象論**(transport phenomena)とは，**運動量**(momentum)・**熱**(heat)・**物質**(mass)の輸送を体系化した学問である．運動量・熱・物質を一体に取り扱う必要は，我々の生活に身近な気象を想像すると容易に理解できる．

図 1-1 は，地表付近の熱と物質の輸送を模式的に表している．太陽から放射された光(電磁波)により地表や海水面に熱エネルギーが輸送される．逆に，地表からも赤外線などの電磁波が放射され，大気に吸収されたり，地表に向かって反射されたり，大気を通過した電磁波は宇宙空間に再び放射されたりする．二酸化炭素などの特定のガス種が赤外線などの電磁波を比較的よく吸収することは，温室効果ガスや地球温暖化の議論で頻繁に登場しており，電磁波を通じた地球，太陽，宇宙空間の熱エネルギーの輸送を知る機会は多いはずであ

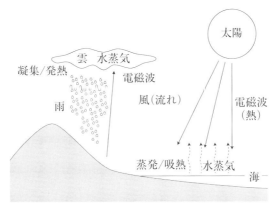

図 1-1　地表付近の熱・物質の輸送(模式図).

2 第1章 熱および物質移動を学ぶにあたって

る.

　地表や海水面付近で空気が加熱されると，空気の密度が減少して浮力により上昇気流が発生することがある．地球の自転によるコリオリ力により上昇気流に渦が生じる現象も，低気圧や台風などを写した気象衛星の写真や竜巻の発生を報じる動画などで目にしたことがあるはずである．このように，熱エネルギーの輸送が大気の流れ（運動量の輸送）を生じさせる自然現象を生活の中で知っているはずである．また，海水面では水（液相）から水蒸気（気相）への相変態，つまり，水の蒸発も同時に起こっており，大気の流れに乗って水蒸気が上空に輸送される．液相から気相への相変態は吸熱反応であり，上空で起こる気相から液相への相変態は発熱反応であるため，水蒸気の輸送は熱エネルギーの輸送でもある．また，大気が上昇するときに断熱膨張して圧力と温度が低下する．上空で水蒸気が過飽和になると水蒸気から水への変態が起こり，雲ができたり雨となって地表に降り注いだりする．

　このように，運動量・熱・物質の輸送は相互に影響を及ぼしながら起こるため，物理現象の解析においてそれぞれの輸送を切り離すのは困難である．したがって，運動量・熱・物質の輸送を一体として体系的に理解する必要があり，輸送現象論という学問が必要とされる所以である．また，水の蒸発と凝縮やそれに伴う吸熱・発熱反応は実験室の試験管の中でも観察される現象であるが，運動量の輸送である流れの寄与が大きくなると地球規模の水の蒸発と凝縮である気象現象になるように，流れは輸送現象のスケールアップに大きく寄与することにも注意を払いたい．

## 1.2 　材料科学，材料工学における輸送現象論

　本書で取り扱う材料科学や材料工学に目を向ける．**凝固**（solidification），**結晶成長**（crystal growth），**析出**（precipitation）など多様な変態の形態とそれに伴う組織形成，さらに鋳造や熱処理などの材料の製造プロセスでは，系全体の平衡が成り立つ状態で変態やプロセスが進行することは皆無であり，現象の科学的な理解には相平衡関係を記述する熱力学だけでなく，熱や物質の輸送を記述する輸送現象論を駆使する必要がある．特に，流体が関わる組織形成や材料

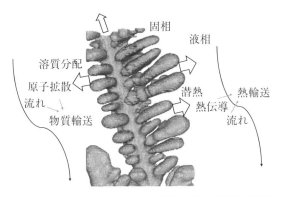

図 1-2 デンドライト周辺の運動量・熱・物質の輸送.

プロセスでは，前節で述べたように流体の流れによる熱と物質の輸送が相対的に大きくなると，熱と物質の輸送はスケールアップして複雑な現象になる．

図 1-2 は，典型的な金属材料の凝固形態であるデンドライトである．このような樹枝状の成長は，熱力学と輸送現象論を駆使して理解する必要がある．例えば，固液界面積が小さくなるほど系のギブズエネルギーは減少するので，ギブズエネルギーの観点では球形状で成長することがもっとも有利なはずである．一方，固相の成長界面では潜熱の放出と溶質元素の分配が起こるので，界面付近から周辺に熱と物質の輸送が起こる．ここでは物理を詳細に説明しないのでやや漠然とした表現になるが，熱力学的に固液界面での平衡を満たしながら熱と物質の輸送が有利な成長形態としてデンドライトが選択されると考えられる．

図 1-3 は，半導体シリコンの単結晶を育成するチョクラルスキー法(Cz 法)の模式図である．回転しているシリカ($SiO_2$)るつぼの中に溶融したシリコンが保持されており，その融液と接した単結晶シリコンを回転しながらゆっくりと引き上げる．このとき，固液界面を最適な位置になるように熱的条件を制御すると円柱状の単結晶シリコンが製造される．炉は真空に保たれているので，るつぼの外側のヒーターからるつぼと溶融シリコンに電磁波(光)により熱エネルギーが輸送される．1400 ℃以上のるつぼと溶融したシリコンからも電磁波が放射され，熱エネルギーが外部に輸送される．同時に，単結晶シリコンと溶

# 第1章 熱および物質移動を学ぶにあたって

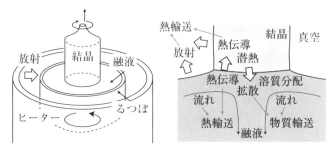

**図1-3** チョクラルスキー法により製造される単結晶シリコン周辺の運動量・熱・物質の輸送.

融シリコンの界面でも凝固に伴う潜熱が発生しながら熱エネルギーが融液から単結晶へ輸送される．その結果，溶融シリコンの温度が不均一になり，るつぼ内の溶融シリコンには流れが生じる．るつぼのサイズが大きくなるほど回転したるつぼ内では複雑で非定常な流れが生じやすい．非定常な流れは，日本近海で黒潮の流れが蛇行するなど経時変化することと物理的には同等であり，結晶成長界面の条件が時間変化すると材料特性の低下に結びつく．また，固液界面での物質の輸送に注目すると，半導体特性に影響するドーパント(P型，N型キャリア濃度を制御するための不純物)は化学平衡に従って固相と液相に分配され，液相中のドーパントは流れと原子拡散により輸送される．このドーパントの界面近傍の輸送は単結晶シリコン中のドーパント分布に影響し，結果的にはシリコンの半導体特性を低下させることもある．したがって，シリコンの結晶成長を科学的に把握するための第一歩は，溶融シリコンと単結晶シリコン，さらにその周辺の運動量，熱エネルギー，物質の輸送の理解である．

　上記の二つの例のように，相変態による組織形成や材料プロセスの過程を科学的に理解し，制御するためには，熱力学と輸送現象論の基礎を理解しておく必要がある．

## 1.3 輸送現象のための数学的基礎

### 1.3.1 常微分，偏微分，全微分

変数 $x$ のみの関数 $f(x)$ の微分は，

$$\frac{df(x)}{dx} = \lim_{\Delta x \to 0} \frac{f(x + \Delta x) - f(x)}{\Delta x} \tag{1.1}$$

であり，これは**常微分**(ordinary differential)と呼ばれる．一方，熱と物質の輸送現象において，温度や濃度は位置 $(x, y, z)$ や時間 $t$ の関数であることが多い．ここで，互いに独立した変数 $x_1, x_2, x_3, t$ の関数 $f(x_1, x_2, x_3, t)$ の場合，一つの変数のみに注目し，他の変数を固定した微分を定義できる．例えば，$x_1$ 以外の変数を固定した微分は，

$$\frac{\partial f(x_1, x_2, x_3, t)}{\partial x_1} = \lim_{\Delta x_1 \to 0} \frac{f(x_1 + \Delta x_1, x_2, x_3, t) - f(x_1, x_2, x_3, t)}{\Delta x_1} \tag{1.2}$$

である．このような多変数関数について，一つの変数以外を固定した微分は**偏微分**(partial differential)と呼ばれ，常微分と区別するために $\partial$ の記号を用いる．

偏微分を用いると，各変数の微小変化 $(dx_1, dx_2, dx_3, dt)$ に対する関数 $f$ の微小変化 $df$ を，次式のように求めることができる．

$$df = \frac{\partial f}{\partial x_1} dx_1 + \frac{\partial f}{\partial x_2} dx_2 + \frac{\partial f}{\partial x_3} dx_3 + \frac{\partial f}{\partial t} dt \tag{1.3}$$

これは，**全微分**(total differential)と呼ばれる．熱力学を学習していれば，**ギブズエネルギー**(Gibbs energy)の全微分 $dG = -SdT + Vdp$ などの**状態量**(quantity of state)の全微分を目にしたことがあるはずである．

複数の変数が独立していない場合には，微分には注意が必要である．例えば，高さ $h$ から高温の球を静かに離し，大気中を落下している間の球の冷却を考える．時間が経過するに伴い球の温度は低下するが，同時に高さも低下する．このとき，球の温度 $T$ は，位置 $z$ と時間 $t$ の関数のように思い込むかもしれない．仮にこれが正しいとすれば，全微分は，

$$dT = \frac{\partial T}{\partial z} dz + \frac{\partial T}{\partial t} dt \tag{1.4}$$

となる．実際には，位置 $z$ は時間 $t$ の関数であり，

$$T(z(t), t) = T(t) \tag{1.5}$$

となるので，温度 $T$ は時間 $t$ のみの関数である．したがって，式(1.4)の全微分は誤った表現である．ここでは，位置が時間の関数であるので比較的容易に誤りに気づくが，問題がより複雑になったときには，変数の独立性に注意する必要がある．

### 1.3.2 勾配，発散，回転

スカラー量 $f$ が 2 変数 $x_1, x_2$ の関数とする．例えば，スカラー量を標高とすると，図 1-4 のように斜面の高さ $f$ が位置 $(x_1, x_2)$ に依存し，斜面の勾配はベクトルであり，偏微分を用いて，

$$\left( \frac{\partial f}{\partial x_1}, \frac{\partial f}{\partial x_2} \right) \tag{1.6}$$

と表される．このようにスカラー量に対して勾配はベクトルになる．三次元に拡張して一般化すると，関数 $f$ の**勾配**(gradient)は，

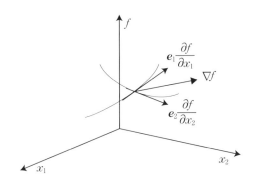

図 1-4　スカラー量 $f$ の勾配．

1.3 輸送現象のための数学的基礎　7

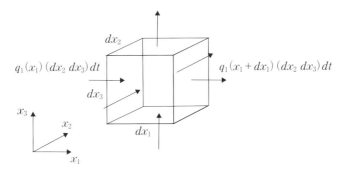

図 1-5　保存量の輸送（模式図）．

$$\nabla f = \operatorname{grad} f = \left( \frac{\partial f}{\partial x_1}, \frac{\partial f}{\partial x_2}, \frac{\partial f}{\partial x_3} \right) \tag{1.7}$$

と定義できる．ここで，**ナブラ演算子**(nabla operator) $\nabla$ は微分演算子であり，

$$\nabla = \left( \frac{\partial}{\partial x_1}, \frac{\partial}{\partial x_2}, \frac{\partial}{\partial x_3} \right) = \boldsymbol{e}_1 \frac{\partial}{\partial x_1} + \boldsymbol{e}_2 \frac{\partial}{\partial x_2} + \boldsymbol{e}_3 \frac{\partial}{\partial x_3} \tag{1.8}$$

と定義される．$\boldsymbol{e}_1, \boldsymbol{e}_2, \boldsymbol{e}_3$ はそれぞれ**直交座標系**(cartesian coordinate system, orthogonal coordinate system)における各軸方向の単位ベクトルである．

図 1-5 は，一次元 $x_1$ 軸方向の単位時間，単位面積あたりの**保存量**(conserved quantity)[*1]の輸送を模式的に表している．ここでは，保存量の密度を $\rho$，その**流束**(flux)を $q_1$ とすると，この微小な領域の左側から流入する保存量と右側から流出する保存量の差が，この領域における保存量の変化であるので，

$$\begin{aligned} d\rho (dx_1 dx_2 dx_3) &= q_1(x_1)(dx_2 dx_3) dt - q_1(x_1 + dx_1)(dx_2 dx_3) dt \\ &= q_1(x_1)(dx_2 dx_3) dt - \left[ q_1(x_1) + \frac{\partial q_1}{\partial x_1} dx_1 \right](dx_2 dx_3) dt \end{aligned} \tag{1.9}$$

となる．この式を整理すると，

---

[*1] 保存量とは，時間とともに変化しない量であり，運動量，熱エネルギー，質量などがある．

$$\frac{\partial \rho}{\partial t} = -\frac{\partial q_1}{\partial x_1} \tag{1.10}$$

となる.これを三次元に拡張すると,

$$\frac{\partial \rho}{\partial t} = -\left(\frac{\partial q_1}{\partial x_1} + \frac{\partial q_2}{\partial x_2} + \frac{\partial q_3}{\partial x_3}\right) \tag{1.11}$$

となる.ここで,流束はベクトルであり,$\boldsymbol{q}=(q_1,q_2,q_3)$とすると,式(1.11)の右辺の( )内は,

$$\left(\boldsymbol{e}_1\frac{\partial}{\partial x_1} + \boldsymbol{e}_2\frac{\partial}{\partial x_2} + \boldsymbol{e}_3\frac{\partial}{\partial x_3}\right)\cdot\boldsymbol{q} = \nabla\cdot\boldsymbol{q} \equiv \mathrm{div}\,\boldsymbol{q} \tag{1.12}$$

と書ける.これを,ベクトル$\boldsymbol{q}$の**発散**(divergence)と呼ぶ.式(1.11)からわかるように,式(1.12)は単位体積,単位時間あたりに湧き出す量になっている.また,ベクトル場がどれくらい発散しているかを示している.

最後にナブラ演算子$\nabla$とベクトル$\boldsymbol{q}=(q_1,q_2,q_3)$の外積である**回転**(rotation)について考えると,

$$\nabla\times\boldsymbol{q} = \left(\frac{\partial q_3}{\partial x_2} - \frac{\partial q_2}{\partial x_3},\ \frac{\partial q_1}{\partial x_3} - \frac{\partial q_3}{\partial x_1},\ \frac{\partial q_2}{\partial x_1} - \frac{\partial q_1}{\partial x_2}\right) \tag{1.13}$$

が導出される.回転の物理的意味を明確にするため,$q_1=0$であり,$x_2$-$x_3$面内のみに輸送があるとすると,

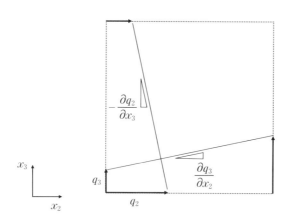

図1-6　回転演算の模式図.

$$\nabla \times \boldsymbol{q} = \left( \frac{\partial q_3}{\partial x_2} - \frac{\partial q_2}{\partial x_3}, 0, 0 \right) \tag{1.14}$$

となり，$x_1$ の成分以外はゼロになる．図 1-6 に示すように，$\partial q_3/\partial x_2$ は $x_2$ 方向での $q_3$ の変化率であり，$\partial q_2/\partial x_3$ は $x_3$ 方向での $q_2$ の変化率である．$\partial q_3/\partial x_2 - \partial q_2/\partial x_3$ は，図 1-6 で反時計回りの回転の大きさを示している．したがって，$\nabla \times \boldsymbol{q}$ は回転軸の方向と回転の大きさを示すベクトルになっている．

### 1.3.3 円柱座標系，球座標系

本書ではおもに直交座標系を用いるが，運動量・熱・物質の輸送では境界条件の対称性から**円柱座標系**(cylindrical coordinate system)や**球座標系**(spherical coordinate system)を用いたほうが便利なこともある．円柱座標系，球座標系の軸に使う文字は，必ずしも統一されていないが，本書では図 1-7 に示

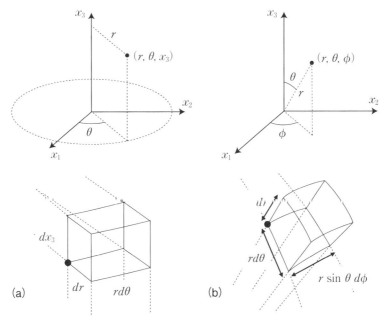

図 1-7　円柱座標系および球座標系の定義．

**10** 第1章 熱および物質移動を学ぶにあたって

すように座標系を定義する．前節も含めて演算子など数学の知識が不足していると感じる場合，必要に応じて数学の入門書などで理解を深めてほしい．

直交座標系において3軸を $x_1, x_2, x_3$ とすると，運動量・熱・物質の輸送を取り扱う際に必要となる直交座標系における**勾配**(gradient)grad，**発散**(divergence)div，**ラプラス演算子**(ラプラシアン)(Laplace operator)$\Delta$ はそれぞれ

$$\mathrm{grad}\, f = \nabla f = \frac{\partial f}{\partial x_1} \boldsymbol{e}_1 + \frac{\partial f}{\partial x_2} \boldsymbol{e}_2 + \frac{\partial f}{\partial x_3} \boldsymbol{e}_3 \tag{1.15}$$

$$\mathrm{div}\, \boldsymbol{f} = \nabla \cdot \boldsymbol{f} = \left( \boldsymbol{e}_1 \frac{\partial}{\partial x_1} + \boldsymbol{e}_2 \frac{\partial}{\partial x_2} + \boldsymbol{e}_3 \frac{\partial}{\partial x_3} \right) \cdot \boldsymbol{f} = \frac{\partial f_1}{\partial x_1} + \frac{\partial f_2}{\partial x_2} + \frac{\partial f_3}{\partial x_3} \tag{1.16}$$

$$\mathrm{div}[\mathrm{grad}\, f] = \Delta f = \nabla \cdot (\nabla f) = \nabla^2 f = \frac{\partial^2 f}{\partial x_1^2} + \frac{\partial^2 f}{\partial x_2^2} + \frac{\partial^2 f}{\partial x_3^2} \tag{1.17}$$

である．ここで，$f$ はスカラー量の関数(スカラー場)，$\boldsymbol{f} = (f_1, f_2, f_3)$ はベクトル量の関数(ベクトル場)である．$\boldsymbol{e}_1, \boldsymbol{e}_2, \boldsymbol{e}_3$ は，それぞれ $x_1$ 方向，$x_2$ 方向，$x_3$ 方向の単位ベクトルである．式(1.15)，(1.16)は，前節ですでに学習しているが，式(1.17)のラプラス演算子はエネルギーや質量などの保存則で用いられる表現である．また，流速ベクトルを $\boldsymbol{u} = (u_1, u_2, u_3)$ とすると，**実質微分**(substantial derivative)は，

$$\frac{D}{Dt} = \frac{\partial}{\partial t} + \boldsymbol{u} \cdot \nabla = \frac{\partial}{\partial t} + u_1 \frac{\partial}{\partial x_1} + u_2 \frac{\partial}{\partial x_2} + u_3 \frac{\partial}{\partial x_3} \tag{1.18}$$

となる．なお，実質微分は，**ラグランジュ微分**(Lagrange derivative)，**物質微分**(material derivative)とも呼ばれる．実質部分については第2章で具体的に取り扱うので，ここでは表式のみに留める．

式(1.15)～(1.18)が円柱座標，球座標でどのように表現できるかを考える．円柱座標系は，動径距離 $r$，方位角 $\theta$，高さ $x_3$ により表される．円柱座標系の位置 $(r, \theta, x_3)$ と，直交座標系の位置 $(x_1, x_2, x_3)$ の関係は，

$$x_1 = r \cos \theta \tag{1.19}$$
$$x_2 = r \sin \theta \tag{1.20}$$
$$x_3 = x_3 \tag{1.21}$$

である．円柱座標系における勾配 grad，発散 div，ラプラス演算子 $\Delta$ は，そ

1.3 輸送現象のための数学的基礎 11

れぞれ,

$$\mathrm{grad}\, f = \nabla f = \frac{\partial f}{\partial r}\boldsymbol{e}_r + \frac{1}{r}\frac{\partial f}{\partial \theta}\boldsymbol{e}_\theta + \frac{\partial f}{\partial x_3}\boldsymbol{e}_3 \tag{1.22}$$

$$\mathrm{div}\,\boldsymbol{f} = \nabla\cdot\boldsymbol{f} = \frac{1}{r}\frac{\partial}{\partial r}(rf_r) + \frac{1}{r}\frac{\partial f_\theta}{\partial \theta} + \frac{\partial f_3}{\partial x_3} \tag{1.23}$$

$$\mathrm{div}[\mathrm{grad}\, f] = \Delta f = \nabla^2 f = \frac{1}{r}\frac{\partial}{\partial r}\left(r\frac{\partial f}{\partial r}\right) + \frac{1}{r^2}\frac{\partial^2 f}{\partial \theta^2} + \frac{\partial^2 f}{\partial x_3^2}$$

$$= \frac{\partial^2 f}{\partial r^2} + \frac{1}{r}\frac{\partial f}{\partial r} + \frac{1}{r^2}\frac{\partial^2 f}{\partial \theta^2} + \frac{\partial^2 f}{\partial x_3^2} \tag{1.24}$$

ここで，$\boldsymbol{e}_r, \boldsymbol{e}_\theta, \boldsymbol{e}_3$ は，それぞれ半径 $r$ 方向，方位角 $\theta$ 方向，高さ $x_3$ 方向の単位ベクトルであり，相互に直交している．実質微分は，流速ベクトルを $\boldsymbol{u} = (u_r, u_\theta, u_3)$ とすると，

$$\frac{D}{Dt} = \frac{\partial}{\partial t} + \boldsymbol{u}\cdot\nabla = \frac{\partial}{\partial t} + u_r\frac{\partial}{\partial r} + \frac{u_\theta}{r}\frac{\partial}{\partial \theta} + u_3\frac{\partial}{\partial x_3} \tag{1.25}$$

となる.

　球座標系は，半径 $r$ 方向，仰角 $\theta$ 方向，方位角 $\phi$ 方向により表され，直交座標系の位置 $(x_1, x_2, x_3)$ との関係は，

$$x_1 = r\sin\theta\cos\phi \tag{1.26}$$
$$x_2 = r\sin\theta\sin\phi \tag{1.27}$$
$$x_3 = r\cos\theta \tag{1.28}$$

である．球座標系における勾配 grad，発散 div，ラプラス演算子 $\Delta$ はそれぞれ

$$\mathrm{grad}\, f = \nabla f = \frac{\partial f}{\partial r}\boldsymbol{e}_r + \frac{1}{r}\frac{\partial f}{\partial \theta}\boldsymbol{e}_\theta + \frac{1}{r\sin\theta}\frac{\partial f}{\partial \phi}\boldsymbol{e}_\phi \tag{1.29}$$

$$\mathrm{div}\,\boldsymbol{f} = \nabla\cdot\boldsymbol{f} = \frac{1}{r^2}\frac{\partial}{\partial r}(r^2 f_r) + \frac{1}{r\sin\theta}\frac{\partial}{\partial \theta}(f_\theta\sin\theta) + \frac{1}{r\sin\theta}\frac{\partial f_\phi}{\partial \phi} \tag{1.30}$$

$$\mathrm{div}[\mathrm{grad}\, f] = \Delta f = \nabla^2 f$$

$$= \frac{1}{r^2}\frac{\partial}{\partial r}\left(r^2\frac{\partial f}{\partial r}\right) + \frac{1}{r^2\sin\theta}\frac{\partial}{\partial \theta}\left(\frac{\partial f}{\partial \theta}\sin\theta\right) + \frac{1}{r^2\sin^2\theta}\frac{\partial^2 f}{\partial \phi^2}$$

12 　第 1 章　熱および物質移動を学ぶにあたって

$$= \frac{\partial^2 f}{\partial r^2} + \frac{2}{r} \frac{\partial f}{\partial r} + \frac{1}{r^2} \frac{\partial^2 f}{\partial \theta^2} + \frac{1}{r^2 \tan \theta} \frac{\partial f}{\partial \theta}$$

$$+ \frac{1}{r^2 \sin^2 \theta} \frac{\partial^2 f}{\partial \phi^2} \tag{1.31}$$

ここで，$e_r, e_\theta, e_\phi$ は，それぞれ半径 $r$ 方向，仰角 $\theta$ 方向，方位角 $\phi$ 方向の単位ベクトルであり，相互に直交している．実質微分は，流速ベクトル $\boldsymbol{u} = (u_r, u_\theta, u_\phi)$ とすると，

$$\frac{D}{Dt} = \frac{\partial}{\partial t} + \boldsymbol{u} \cdot \nabla = \frac{\partial}{\partial t} + u_r \frac{\partial}{\partial r} + \frac{u_\theta}{r} \frac{\partial}{\partial \theta} + \frac{u_\phi}{r \sin \theta} \frac{\partial}{\partial \phi} \tag{1.32}$$

となる．

### 1.3.4　総和記号の省略

　直交座標系において，3 軸を $x_1, x_2, x_3$ で表すのを基本とする．座標の軸に 1, 2, 3 を用いる理由の一つとして，総和記号の省略（総和の簡便表記）(omission of the summation symbol) がある．総和記号の省略とは，軸を表す同じ添え字 $i$ が同一の項にあるとき，各軸について総和を取ることを示す．例えば，$x_i^2$ の項は，以下の総和を示す．

$$x_i^2 = x_i \cdot x_i = \sum_{i=1}^{3} x_i^2 = x_1^2 + x_2^2 + x_3^2 \tag{1.33}$$

また，微分などでは分子と分母の同じ添え字があると，

$$\frac{du_i}{dx_i} = \sum_{j=1}^{3} \frac{du_j}{dx_j} = \frac{du_1}{dx_1} + \frac{du_2}{dx_2} + \frac{du_3}{dx_3} \tag{1.34}$$

のように総和記号を省略している．

## 演習 1

【 1 】　円柱座標系について次の問いに答えよ.

（ 1 ）円柱座標における式 $(1.22)\sim(1.24)$ を導け.

（ 2 ）スカラー場 $f$，ベクトル場 $\boldsymbol{f}$ が角度 $\theta$ によらないときの式 $(1.22)\sim$ $(1.24)$ に相当する式を示せ.

【 2 】　球座標系について次の問いに答えよ.

（ 1 ）球座標における式 $(1.29)\sim(1.31)$ を導け.

（ 2 ）スカラー場 $f$，ベクトル場 $\boldsymbol{f}$ が角度 $\theta$ によらないときの式 $(1.29)\sim$ $(1.31)$ に相当する式を示せ.

2

# 第2章

# 運動量の輸送

## 2.1 流体の性質

### 2.1.1 流体の定義

　**流体**(fluid)*¹ は，**連続体**(continuum)の一つの形態であり，静止していると内部にせん断応力が発生しない連続体と定義される．初学者にとってはこの定義が漠然と感じられることがある．そこで，弾性体である**固体**(solid)を出発点にして考えてみる．一定の形状を保持できる連続体である固体は，**図 2-1**（a）（b）のように，**塑性変形**(plastic deformation)しない程度に圧縮する力やせん断する力を固体に加えると，固体は**弾性変形**(elastic deformation)する．このとき，外力と弾性力が力学的につり合い，変形した状態が保持される．単純な圧縮・引張力を印加したときも圧縮・引張軸に対して斜めの方向にはせん断応力が発生するので，弾性変形した固体には必ずせん断応力が発生している．

　図 2-1（c）のような複雑な形状の容器では，流体である水は，注ぎ方に関係なく，重力が作用して一定時間が経過すると容器の形状に合わせて充填する．つまり，水は容器の形状に合わせて変形する．容器に充填されるのは自明であるが，任意の位置の力学的つり合いを考える．静止した水には重力とそれにつり合う圧力勾配*³ が生じているが，せん断応力は生じていない．このような

---

*1　気体，液体，固体は，力学的性質に基づいて定義される物質の様態であり，気体と液体をまとめて流体と呼ぶ．一方，気相，液相，固相は熱力学的に定義される相であり，気・液・固は相の様相を表現しているだけである．流体は単一の相からなることもあれば，複数の相から構成されることもある．固体を混合した気体や液体も流体として取り扱うこともある．

*2　等方的に作用する力である圧力は 2.4.1 項で学習する．

15

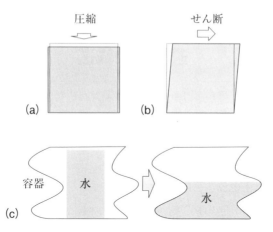

**図 2-1** （a）固体の圧縮変形(弾性変形)，（b）固体のせん断変形(弾性変形)，（c）水を複雑な形状の容器に入れたときの模式図.

性質から，容器の形状に合わせて自由に形状を変化する連続体を流体と定義することもできる．

　流体と固体の境界は，時間スケールや空間スケールにより変わる．例えば，ある形状に成形した連続体が1時間といった比較的短い時間内では，その形状を完全に保持して内部にせん断応力が発生している場合でも，1日，1ヶ月，1年，100年，1万年などの時間をかけてゆっくり変形して最終的にはせん断応力が生じない状態に落ち着くことも考えられる．空間についても同様で，微視的に見れば変形が無視でき静止していると判断できるが，巨視的には変形していることもあり得る．したがって，固体と流体の境界は取り扱う時間と空間により変わる．

### 2.1.2　粘度，動粘度

　**粘度**(viscosity)は流体を特徴づける性質である．図 2-2(a)は，流体が単純せん断しているときの模式図である．単純せん断させるためには，上側の固体壁を右側に運動させる必要がある．このときに定常状態においても流体からの抵抗を受け，**せん断応力**(shear stress)が生じる．せん断応力 $\tau$ と速度勾配 $U/H$ を関係づける物性が粘度(粘性係数)$\mu$［単位 Pa·s］であり，次式のよう

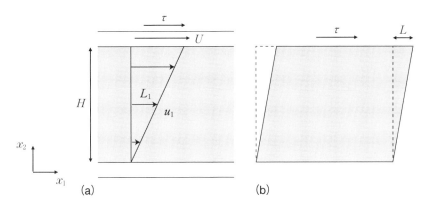

**図 2-2** 速度勾配とせん断応力の関係(模式図).$U$, $H$ はそれぞれ上面の流速(下面は静止)と流路の高さであり,$U/H$ は流速 $u_1$ の勾配である.$L_1$ は $x_1$ 軸方向の変位であり,流速 $u_1$ は $dL_1/dt$ である.

に定義される.

$$\tau = \mu \frac{U}{H} = \mu \frac{du_1}{dx_2} = \mu \frac{d}{dx_2}\left(\frac{dL_1}{dt}\right) = \mu \frac{d}{dt}\left(\frac{dL_1}{dx_2}\right) = \mu \dot{\varepsilon} \tag{2.1}$$

$\dot{\varepsilon}$ は,**せん断ひずみ**(shear strain)の時間変化である**せん断ひずみ速度**(shear strain rate)と呼ばれる.比較のため,図 2-2(b)に示す弾性体の変形を考える.高さ $H$,上端の変位 $L$ の弾性変形で生じるせん断応力 $\tau$ は,せん断ひずみ $L_1/H$ とせん断弾性率 $G$ を用いて次式のように表される.

$$\tau = G\frac{L}{H} = G\frac{dL_1}{dx_2} = G\varepsilon \tag{2.2}$$

式(2.1)と(2.2)を比較すると,弾性体におけるひずみが流体におけるひずみ速度に対応し,**せん断弾性率**(shear modulus)が粘度に対応する.静止した流体では $\dot{\varepsilon}=0$ であり,せん断応力が生じないことが確認できる.

流体の流れやすさを示す物性値として,しばしば**動粘度**(kinematic viscosity)$\nu$ が使われる.例えば,同じ粘度の流体でも密度 $\rho$ が大きい流体のほうが慣性も大きくなり流体は流れやすくなる.動粘度 $\nu$ [単位 m$^2$/s] と粘度の関係は,

18 第2章 運動量の輸送

**表 2-1** 物質(空気，水，アルミニウムの融液，純鉄の融液)の粘度 $\mu$，動粘度 $\nu$.

| | 空気(20℃) | 水(20℃) | アルミニウム | 純鉄 |
|---|---|---|---|---|
| 粘　度 $\mu$ [Pa·s] | $1.8 \times 10^{-5}$ | $1 \times 10^{-3}$ | $1.3 \times 10^{-3}$ | $5 \times 10^{-3}$ |
| 動粘度 $\nu$ [m²/s] | $15 \times 10^{-6}$ | $1 \times 10^{-6}$ | $0.5 \times 10^{-6}$ | $0.7 \times 10^{-6}$ |

$$\nu = \frac{\mu}{\rho} \tag{2.3}$$

で示される．後述する流体の運動方程式であるナビエ-ストークスの式を学習すると，流れやすさの意味を数学的，物理的に理解できる．

　表2-1 は，空気，水，アルミニウム(液相)，純鉄(液相)の粘度 $\mu$ と動粘度 $\nu$ である．空気，水，純鉄，アルミニウムなどの金属融液の順で粘度は大きくなり，生活の中で感じる直感とも一致しているかもしれない．一方，アルミニウム(液相)や純鉄(液相)の動粘度は，水の動粘度よりも少し小さいか，同程度である．つまり，流動条件次第では，金属合金の融液の流動は，水の流動と類似していることになる．この性質を利用して，高温での金属材料の精錬，溶解・凝固，結晶成長プロセスにおける流動を模擬するため，水を用いた実験(水モデル実験)(water model experiment)が行われることがある．

## 2.1.3　流体の分類

　せん断ひずみ速度とせん断応力の関係を紐付ける粘度に基づいて流体を分類することがある．**図 2-3** に示すように，粘度 $\mu$ がせん断ひずみ速度 $\varepsilon$ に依存しない場合，せん断応力 $\tau$ はせん断ひずみ速度 $\varepsilon$ に比例する．このような流体を**ニュートン流体**(Newtonian fluid)と呼ぶ．水，多くの金属合金の融液，アルコール，潤滑油，比較的低分子の溶液はニュートン流体と見なすことが可能である．一方，粘度 $\mu$ がせん断ひずみ速度 $\varepsilon$ や時間に依存する流体は**非ニュートン流体**(non-Newtonian fluid)と呼ばれるが，多様な力学特性を示す流体が知られている．

　図2-3 には，典型的な非ニュートン流体のせん断応力 $\tau$ とせん断ひずみ速度 $\varepsilon$ の関係が示されている．**塑性流体**(plastic fluid)は小さいせん断応力では変形

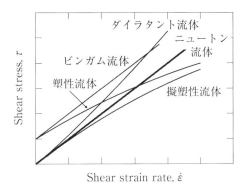

**図 2-3** 種々の流体におけるせん断応力とせん断ひずみ速度の関係.

せず，臨界の応力で力学的に降伏して変形が開始する流体である．さらに，降伏後はニュートン流体と類似して一定の粘度 $\mu$ を示す流体は**ビンガム流体**(Bingham fluid)と呼ばれる．降伏を示さずに，せん断応力 $\tau$ の増加に伴って粘度 $\mu$ が低下する流体は**擬塑性流体**(pseudoplastic fluid)と呼ばれる．せん断ひずみ速度 $\dot{\varepsilon}$ を基準にすると，擬塑性流体はせん断ひずみ速度 $\dot{\varepsilon}$ が大きくなるにつれて柔らかくなる流体であり，溶融したプラスチックなどが代表例である．

せん断ひずみ速度 $\dot{\varepsilon}$ が大きくなるにつれて固くなる流体，つまり粘度が増加する流体も存在し，このような流体は**ダイラタント流体**(dilatant fluid)と呼ばれる．凝固過程の固相と液相が混合した流体(固液共存状態)[*3]が，ダイラタント流体の力学的挙動を示すことがある．また，変形が継続しているときは比較的小さい粘度を示すが，変形が止まると時間とともに粘度が増加する**チクソトロピー性流体**(thixotropic fluid)と見なせる場合もある．一般的に，複数の物質が混合した流体が複雑な力学特性を示すことがある．本書では，非ニュートン流体はここでの紹介に留め，後続の節ではニュートン流体を前提として学習を進める．

---

[*3] 融点，液相線温度に近い温度では固相・固体は比較的低い応力でも**塑性流動**(plastic flow)を起こすので，固液共存状態は粘度の異なる流体の混合体と見なすことができる．このような流体は材料を製造するプロセスで存在する．

## 2.1.4 圧縮性，非圧縮性

　流体が運動するとき，圧力は空間，時間に対して一様とは限らない．厳密には，物質の密度は圧力に依存するので，すべての物質は**圧縮性物質**(compressible material)である．しかし，流れの観点では圧力に依存した密度を陽に取り扱う必要がない場合も少なくない．そこで，流体の密度変化を考慮する必要性の有無に基づいて，**圧縮性流体**(compressible fluid)と**非圧縮性流体**(incompressible fluid)の取り扱いがなされる．

　水や金属合金の融液の**体積弾性率**(bulk modulus)は大きく，材料の製造プロセスの圧力範囲では体積変化や密度変化は無視できるため，非圧縮性流体として取り扱われる．一方，気体は比較的小さい圧力でも体積変化が無視できない場合もあり，圧縮性流体として取り扱うことがある．ただし，気体の流動を考える場合，圧力差が相対的に小さく，気体を非圧縮性流体として体積変化を無視した流動解析で十分な精度がある場合も少なくない．このような場合は，気体であっても非圧縮性流体として取り扱うことが多い．例えば，材料の製造プロセスにおいて冷却や加熱のための送風など，多くのケースで圧力変化は大気圧に比べて小さく，非圧縮性流体として取り扱われる．また流れの数値計算において，圧縮性流体の取り扱いは非圧縮性流体の取り扱いに比べて格段に計算量が増えるので，可能な限り流体を非圧縮性流体として取り扱うことが多い．

## 2.2　流体運動の表現

### 2.2.1　ラグランジュの方法とオイラーの方法

　流体などの連続体では，質点のように物質を点で代表することができないので，質点系の力学のように設定された質点の位置，速度，加速度を一つの代表値で運動を表すことができない．そこで，物理量を連続体中の位置と時間の関数として取り扱う必要があり，その方法は**ラグランジュの方法**(Lagrange method)と**オイラーの方法**(Euler method)に大別される．このセクションでは，この二つの方法について簡単に学習する．ただし，本書では空間に固定した座標系である**オイラー座標系**(Euler coordinate system)を用いるので，二つ

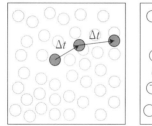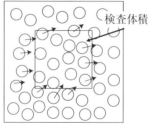

**図 2-4** ラグランジュの方法(左), オイラーの方法(右).

の方法は流体の運動をどこから, どこを観察するかといった見方あるいは立場の違いがあるとはいえ, オイラー座標系で求められる関係式は当然同じになる.

図 2-4(左)に示すように, 質点系の力学での取り扱いと基本的に同じ取り扱いをするのが, ラグランジュの方法である. 質点系の力学において運動を考える場合, 設定された各質点についてそれぞれの質点の位置, 速度, 加速度が求められる. ラグランジュの方法では, 流体を仮想的に**流体粒子**(fluid particle)と呼ぶ質点の集合体と見なし, この流体粒子に着目して位置, 速度, 圧力などを時間の関数として表現する. 前節で述べたように, 圧縮性流体では密度や体積も変化するので圧力も流体粒子の運動を記述する変数として登場する. また, 流体粒子を基準にしているので, 観察者や座標が流体粒子の運動とともに移動しているともいえ, 粒子に固定された座標は**ラグランジュ座標系**(Lagrange coordinate system)と呼ばれる.

オイラーの方法は, 流体を学習するときに初めて接することが多く, あまりなじみがないかもしれない. この方法では, 図 2-4(右)に示すように, 空間に固定した座標系(オイラー座標系)において**検査体積**(control volume)に存在する流体の速度, 加速度, 圧力の時間変化を求める. 例えば, ラグランジュの方法で導入した流体粒子について検査体積に流入・流出する流体粒子の速度, 加速度, 流体粒子の数密度を調べる方法ともいえる. 速度や加速度などの流れの物理量は, 空間に定義されているわけではなく, 検査体積に存在する流体の物理量である点に注意したい.

オイラーの方法は, 学習範囲が質点系の力学までの人にはあまりなじみがな

22 第2章 運動量の輸送

いかもしれないが，日常生活の中で意識せずにオイラーの方法で運動を観察している

ことも少なくない．例えば，人で混雑をしている交差点をビルの上から眺めると，各

個人の運動を追跡するのではなく，人の流れを鳥瞰して混雑している場所，流れがぶ

つかる場所などを観察している．また，河川や海でも流れに沿って水を追跡するのは

実際には困難で，固定した観察領域について流れが速い，よどんでいるなどを認識し

ている．これらは，オイラーの方法ともいえるし，無意識かもしれないが，速度など

の物理量は位置ではなく流体に定義して考えている．

### 2.2.2 流体の速度，加速度

ラグランジュの方法では，時刻 $t_0$ に位置 $\boldsymbol{x}^{(0)} = (x_1^{(0)}, x_2^{(0)}, x_3^{(0)}, t_0)$ に存在した流体粒子の時刻 $t$ における位置を $\boldsymbol{x}(\boldsymbol{x}^{(0)}, t)$ と表現する*4．$\boldsymbol{x}$ は流体粒子の運動を記述する座標であり，ラグランジュ座標系と呼ばれる．この流体粒子の速度 $\boldsymbol{u}$ は，

$$\boldsymbol{u}(\boldsymbol{x}^{(0)}, t) = \lim_{\Delta t \to 0} \frac{\boldsymbol{x}(\boldsymbol{x}^{(0)}, t + \Delta t) - \boldsymbol{x}(\boldsymbol{x}^{(0)}, t)}{\Delta t} = \frac{d\boldsymbol{x}}{dt} \tag{2.4a}$$

と表現する．第1章で学習したように，$\boldsymbol{x}^{(0)}$ は定数なので，$\boldsymbol{x}$ は時間 $t$ の一変数関数であり，速度 $\boldsymbol{u}$ は流体粒子の位置 $\boldsymbol{x}$ の常微分として求められる．加速度についても，同様に

$$\boldsymbol{a}(\boldsymbol{x}^{(0)}, t) = \lim_{\Delta t \to 0} \frac{\boldsymbol{u}(\boldsymbol{x}^{(0)}, t + \Delta t) - \boldsymbol{u}(\boldsymbol{x}^{(0)}, t)}{\Delta t} = \frac{d\boldsymbol{u}}{dt} \tag{2.4b}$$

として求められる．

オイラーの方法では，空間に固定された観測点 $\boldsymbol{x} = (x_1, x_2, x_3)$ の時刻 $t$ における流速 $\boldsymbol{u}$ を

$$\boldsymbol{u}(x_1, x_2, x_3, t) = \boldsymbol{u}(\boldsymbol{x}, t) \tag{2.5}$$

のように位置と時間の関数として定義する．ただし，空間に固定したオイラー座標系で速度を位置の変数としているが，あくまでも速度は時刻 $t$ の位置 $\boldsymbol{x}$ に

---

*4　$\boldsymbol{x}^{(0)}$ は基準となる時間における流体粒子の位置である．流体粒子の定義であり，時間に依存しないので定数として取り扱われる．

存在した流体の速度である.

まず,あえて誤解した加速度をここで示す.位置 $(x_1, x_2, x_3)$ での流速の変化を,

$$\frac{\boldsymbol{u}(x_1, x_2, x_3, t + dt) - \boldsymbol{u}(x_1, x_2, x_3, t)}{dt} = \frac{\partial \boldsymbol{u}}{\partial t} \tag{2.6}$$

と表現してみる.これは第 1 章で学んだ偏微分になっており,観察位置を固定した,その領域の速度変化である.確かに速度の時間変化ではあるが,流体の速度の時間変化ではないので,流体の加速度ではない.流体の加速度は,第 1 章で学んだ偏微分ではなく全微分で求められるべき物理量である.

加速度 $\boldsymbol{a}$ は,物質に作用する力と質量から決まる物体の加速度を示す物理量であり,物質に定義される.つまり,流体の加速度は,位置 $(x_1, x_2, x_3)$ に存在した流体の加速度である.微小時間 $dt$ の間に流体は移動しており,この移動も含めて加速度 $\boldsymbol{a}$ を求める必要がある.観測位置 $(x_1, x_2, x_3)$ に存在した流体の加速度 $\boldsymbol{a}$ を求めると,

$$\boldsymbol{a} = \frac{\boldsymbol{u}(x_1 + dx_1, x_2 + dx_2, x_3 + dx_3, t + dt) - \boldsymbol{u}(x_1, x_2, x_3, t)}{dt}$$

$$= \frac{\partial \boldsymbol{u}}{\partial t} + \frac{\partial \boldsymbol{u}}{\partial x_1}\frac{dx_1}{dt} + \frac{\partial \boldsymbol{u}}{\partial x_2}\frac{dx_2}{dt} + \frac{\partial \boldsymbol{u}}{\partial x_3}\frac{dx_3}{dt}$$

$$= \frac{\partial \boldsymbol{u}}{\partial t} + u_1\frac{\partial \boldsymbol{u}}{\partial x_1} + u_2\frac{\partial \boldsymbol{u}}{\partial x_2} + u_3\frac{\partial \boldsymbol{u}}{\partial x_3} = \frac{\partial \boldsymbol{u}}{\partial t} + u_i\frac{\partial \boldsymbol{u}}{\partial x_i} = \frac{\partial \boldsymbol{u}}{\partial t} + (\boldsymbol{u} \cdot \nabla)\boldsymbol{u} \tag{2.7}$$

となる.先に述べたように偏微分ではなく,全微分になっている.この加速度は**実質加速度**(material acceleration)と呼ばれることもある.右辺の第 1 項 $\partial \boldsymbol{u}/\partial t$ は,観測点における速度の時間変化率である**局所加速度**(local acceleration),それ以降の項 $(\boldsymbol{u} \cdot \nabla)\boldsymbol{u}$ は,**対流加速度**(convective acceleration)と呼ばれる.また,加速度 $\boldsymbol{a}$ は次式で表現されることもある.

$$\boldsymbol{a} = \frac{D\boldsymbol{u}}{Dt} \tag{2.8}$$

ここで,

$$\frac{D}{Dt} = \frac{\partial}{\partial t} + u_1\frac{\partial}{\partial x_1} + u_2\frac{\partial}{\partial x_2} + u_3\frac{\partial}{\partial x_3} = \frac{\partial}{\partial t} + u_i\frac{\partial}{\partial x_i} = \frac{\partial}{\partial t} + (\boldsymbol{u} \cdot \nabla) \tag{2.9}$$

であり,この微分は**実質微分**,**ラグランジュ微分**,**物質微分**と呼ばれる.連続

24    第2章　運動量の輸送

体の運動を記述するには便利な演算子である.

　ここではオイラーの方法から加速度を求めたが, 流体に定義された物質量を
ラグランジュの方法あるいはその立場からオイラー座標系で表現したともいえ
る. 2.2.1項で学んだように, オイラー座標系を用いている限り, オイラーの
方法とラグランジュの方法は運動を見る立場の違いであり, 同じ方程式が導出
される. 繰り返しになるが, 連続体の運動における速度, 角速度などの物理量
は物質に定義されており, それらを空間に固定したオイラー座標系で表現して
いる.

### 2.2.3　流体運動のテンソル表現

　自由に形が変化する流体の運動は, 流体の変形と回転の組み合わせとして考
えることができる. ここでは微小領域の流体の運動に着目して, 仮ひずみ速度
テンソルを定義する. 仮としたのはこのテンソルは流体の運動を表現できてい
ないためである.

$$\begin{bmatrix} \dot{\varepsilon}_{11} & \dot{\varepsilon}_{12} & \dot{\varepsilon}_{13} \\ \dot{\varepsilon}_{21} & \dot{\varepsilon}_{22} & \dot{\varepsilon}_{23} \\ \dot{\varepsilon}_{31} & \dot{\varepsilon}_{32} & \dot{\varepsilon}_{33} \end{bmatrix} \tag{2.10}$$

ここで, ドットは時間微分を表している. まず, 対角項 $\dot{\varepsilon}_{ii}$ について考える.
この項は, $i$ 軸方向の伸び・縮みの変形を表している. 例えば, $x_1$ 軸方向の伸
び・縮み $\Delta L_1$ は,

$$\Delta L_1 = \left[ u_1 + \frac{\partial u_1}{\partial x_1} \Delta x_1 \right] \Delta t - u_1 \Delta t = \frac{\partial u_1}{\partial x_1} \Delta x_1 \Delta t \tag{2.11}$$

である. したがって, 対角項のテンソル成分はそれぞれ

$$\dot{\varepsilon}_{11} = \frac{\partial u_1}{\partial x_1}, \quad \dot{\varepsilon}_{22} = \frac{\partial u_2}{\partial x_2}, \quad \dot{\varepsilon}_{33} = \frac{\partial u_3}{\partial x_3} \tag{2.12}$$

となる. 次に, せん断を表している非対角項 $\dot{\varepsilon}_{ij}$ について考える. $x_1$ 軸に垂直
な面の $x_2$ 軸方向へのせん断量 $\Delta L_{12}$ は,

$$\Delta L_{12} = \left[ u_2 + \frac{\partial u_2}{\partial x_1} \Delta x_1 \right] \Delta t - u_2 \Delta t = \frac{\partial u_2}{\partial x_1} \Delta x_1 \Delta t \tag{2.13}$$

であり,

$$\dot{\varepsilon}_{ij} = \frac{\partial u_j}{\partial x_i} \tag{2.14}$$

となる．これらの結果を用いると，仮に定義したひずみ速度テンソルは，

$$\begin{bmatrix} \dot{\varepsilon}_{11} & \dot{\varepsilon}_{12} & \dot{\varepsilon}_{13} \\ \dot{\varepsilon}_{21} & \dot{\varepsilon}_{22} & \dot{\varepsilon}_{23} \\ \dot{\varepsilon}_{31} & \dot{\varepsilon}_{32} & \dot{\varepsilon}_{33} \end{bmatrix} = \begin{bmatrix} \dfrac{\partial u_1}{\partial x_1} & \dfrac{\partial u_2}{\partial x_1} & \dfrac{\partial u_3}{\partial x_1} \\ \dfrac{\partial u_1}{\partial x_2} & \dfrac{\partial u_2}{\partial x_2} & \dfrac{\partial u_3}{\partial x_2} \\ \dfrac{\partial u_1}{\partial x_3} & \dfrac{\partial u_2}{\partial x_3} & \dfrac{\partial u_3}{\partial x_3} \end{bmatrix} \tag{2.15}$$

となる．この仮に定義した速度テンソルには致命的な問題がある．弾性体では力のつり合いが成立しているときには，$\varepsilon_{ij} = \varepsilon_{ji}$ となる対称性があったが，式(2.15)では対称になっていない．この理由は，変形成分と変形に無関係な回転成分を分けて考えていないためである．逆にいえば，非対角項にはせん断成分に加えて回転成分も含まれているためである．

仮のひずみ速度を，固体力学などと同様に，回転を表す**渦度**(vorticity)と，変形を表す**ひずみ速度**(strain rate)に分けて考えてみる．**渦度テンソル**(vorticity tensor)$\boldsymbol{\omega}$(回転)は，次式のように定義できる．

$$\boldsymbol{\omega} = \begin{bmatrix} 0 & \dfrac{\partial u_2}{\partial x_1} - \dfrac{\partial u_1}{\partial x_2} & \dfrac{\partial u_3}{\partial x_1} - \dfrac{\partial u_1}{\partial x_3} \\ \dfrac{\partial u_1}{\partial x_2} - \dfrac{\partial u_2}{\partial x_1} & 0 & \dfrac{\partial u_3}{\partial x_2} - \dfrac{\partial u_2}{\partial x_3} \\ \dfrac{\partial u_1}{\partial x_3} - \dfrac{\partial u_3}{\partial x_1} & \dfrac{\partial u_2}{\partial x_3} - \dfrac{\partial u_3}{\partial x_2} & 0 \end{bmatrix} \tag{2.16}$$

ここで，第1章で回転を学習したように，各成分は直交座標系の二つの軸を含む平面内の回転であることがわかる．次に，**ひずみ速度テンソル**(strain rate tensor)$\dot{\boldsymbol{\gamma}}$(変形)は，次式のように定義できる．

$$\dot{\boldsymbol{\gamma}} = \begin{bmatrix} 2\dfrac{\partial u_1}{\partial x_1} & \dfrac{\partial u_2}{\partial x_1} + \dfrac{\partial u_1}{\partial x_2} & \dfrac{\partial u_3}{\partial x_1} + \dfrac{\partial u_1}{\partial x_3} \\ \dfrac{\partial u_1}{\partial x_2} + \dfrac{\partial u_2}{\partial x_1} & 2\dfrac{\partial u_2}{\partial x_2} & \dfrac{\partial u_3}{\partial x_2} + \dfrac{\partial u_2}{\partial x_3} \\ \dfrac{\partial u_1}{\partial x_3} + \dfrac{\partial u_3}{\partial x_1} & \dfrac{\partial u_2}{\partial x_3} + \dfrac{\partial u_3}{\partial x_2} & 2\dfrac{\partial u_3}{\partial x_3} \end{bmatrix} \tag{2.17}$$

これらを用いて，仮のひずみ速度テンソルを，ひずみ速度テンソル $\dot{\gamma}$（変形）と渦度テンソル $\omega$（回転）に分離すると，

$$\begin{bmatrix} \dot{\varepsilon}_{11} & \dot{\varepsilon}_{12} & \dot{\varepsilon}_{13} \\ \dot{\varepsilon}_{21} & \dot{\varepsilon}_{22} & \dot{\varepsilon}_{23} \\ \dot{\varepsilon}_{31} & \dot{\varepsilon}_{32} & \dot{\varepsilon}_{33} \end{bmatrix} = \frac{1}{2}\dot{\gamma} + \frac{1}{2}\omega \tag{2.18}$$

となる．ひずみ速度テンソル $\dot{\gamma}$ は対称テンソルになっており，運動している流体の実質の変形を表現している．一方，渦度テンソル $\omega$ は非対称テンソルであり，変形には寄与しない回転成分である．

## 2.3 層流と乱流

### 2.3.1 流れの乱れ

図 2-5(a)は，円管中に流体が流れているときの**流線**(streamline)の模式図である．流線とは流れに沿って速度ベクトルを滑らかに結んだ線であり，流体粒子の運動の軌跡である．十分にゆっくりと流れているとき，流体粒子は円管の方向に沿って直線的に流れる．このように円管に沿って流れていれば，流速

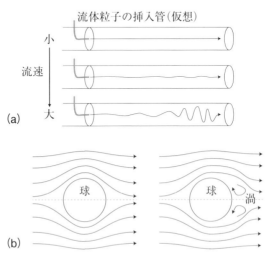

図 2-5 (a)円管中の流れの層流，乱流の模式図．(b)球周辺の流れの模式図．

ベクトルの円管の半径方向の成分はゼロである．言い換えると，円管の半径方向に流速の差があっても，流体粒子の流速ベクトルは円管に沿った方向の成分しかない流れである．このような流れは**層流**(laminar flow)と呼ばれる．

　流速が増加すると流体粒子の軌跡は曲線になり，流体粒子の運動方向が時間とともに変化するようになる．つまり，流体粒子の速度ベクトルに円管の半径方向の成分が現れ，時間とともに変化する非定常な流れになる．さらに流速が増加すると，流体粒子の運動は円管に挿入された位置近傍のみで直線的であり，その後は渦が形成するような複雑な運動となる．このような流体粒子の運動に渦が生じて，円管に沿わない複雑で非定常な流れは**乱流**(turbulence)と呼ばれる．

　層流，乱流の流れは，管内の流れとは限らない．図2-5(b)のように，流動している流体中に球が配置されている流れを考える．流速が十分に小さいときは，流体は球の表面をなぞるように流れる．これは，先に述べた層流に対応する．また，流体粒子の運動は一様であり，このような流れは**一様流**(uniform flow)と呼ばれる．流速が増すと流体は球の表面に沿って流れることができず，球の背後に渦が形成する．これは，乱流に相当する流れであり，球の背後の渦は時々刻々と変化する．このような流れは**非一様流**(non-uniform flow)と呼ばれる．

　乱流に関係した現象は日常生活でも体験しているはずである．水が水道管を流れるときに，水道管が振動したり，騒音を発したりするのは，流体の圧力が時々刻々と変化しているためである．大気中を飛行する航空機は，機体の背後でできるかぎり渦が発生しない流線型の形になっている．渦の発生は乗り心地が悪くなるだけでなく，燃費も低下させる．流体中の球に関連した現象は，不規則に変化する野球のナックルボールやサッカーの無回転シュートとも共通した物理がある．

## 2.3.2　レイノルズ数

　流速が大きくなるにつれて，流れは層流から乱流に遷移するが，このような遷移は**レイノルズ数**(Reynolds number)を用いてより整理されている．レイノルズ数 $Re$ は，

28　第 2 章　運動量の輸送

$$Re = \frac{ud}{\nu} = \frac{(\rho u)\,d}{\mu} \tag{2.19}$$

と定義される．ここで，$u$ は代表速度，$d$ は代表長さ，$\nu$ は動粘度である．分子は慣性，分母は粘性を示しており，レイノルズ数 $Re$ が十分に小さいと粘性が支配した層流に，十分に大きいと慣性が支配した乱流になることが知られている．円筒管内の流れでは，$Re < 2000$ では層流，$Re > 4000$ では乱流となり，その中間領域は**遷移領域**(transition region)と呼ばれる．また，流路中の流れだけでなく，流体中の粒子についても粒子径を代表長さとしてレイノルズ数を用いることができ，粒子周辺の流れが層流であるか，乱流であるかの基準として使える．式(2.19)によると，流路の大きさが小さくなるほど，あるいは，動粘度が大きくなるほど，層流から乱流に遷移する流速は大きくなる．

代表長さは一意に定義できるわけではなく，流路や粒子の形状により複数の定義の仕方があり得る．例えば，管内の流れであれば，$d = 4A/L$($A$：流路の断面積，$L$：断面で流体と管の接触している長さ)のように定義することもある．円管であれば代表長さ $d$ は断面の直径になり，断面が正方形であれば代表長さ $d$ は正方形の一辺の長さとなる．2 枚の平行平板間であれば，流路の断面積と流体と断面における流路の接触長さから代表長さ $d$ は平板間距離の 2 倍になる．層流と乱流の遷移などで利用する場合，測定や計算で定義された代表長さを用いる必要がある．

### 2.3.3　流れによる熱と物質の輸送

円管内の流れが層流である場合，円管の半径方向の流速成分はつねにゼロであり，運動量はつねに円管に沿った方向に輸送される．このような流れでは，流れは熱や物質を円管の半径方向に輸送することはない．一方，乱流では局所的に渦が生じて，時々刻々と変化する非定常な流れになるので，流れは熱や物質を半径方向にも輸送する．したがって，乱流は層流に比べて熱や物質の輸送を著しく促進する効果がある．

乱流による熱や物質輸送の促進は，日常生活のいろいろな場面で体験しているはずである．コーヒーに砂糖やクリームを入れたとき，意識はしていないかもしれないが，効率的に混ぜるためにスプーンでコーヒーカップ内に乱流を生

じさせているはずである．材料を製造するプロセスにおいても，熱や物質の輸送を制御するため，意図的に層流や乱流の状態を作り出すことがある．

## 2.4 静止流体における力のつり合い

### 2.4.1 圧力

2.1 節で，静止していると内部にせん断応力が発生しない連続体が流体の定義であることを学んだように，静止した流体内で作用する力は，重力などの**体積力**(body force)と，流体内部に生じる**圧力**(pressure)のみである．気圧，ガス圧など日常生活でも「圧力」という言葉に接する機会は多いが，ここでは流体中に作用する圧力について改めて考えてみる．

図 2-6 は，流体中に置かれた微小な三角柱の各面に作用する力を模式的に表している．図で鉛直方向が $x_3$ 軸方向，$x_3$-$x_1$ 断面が直角三角形，直角以外の一つの角が $\theta$ である．この微小領域における力のつり合いを考える．ここでは三角柱は十分に小さく，重力はないとする．$x_1$ 軸方向，$x_3$ 軸方向の力のつり合いはそれぞれ，

$$P\left(L_2\sqrt{L_3^2+L_1^2}\right)\sin\theta - P_1(L_2 L_3) = 0 \qquad (2.20)$$

$$-P\left(L_2\sqrt{L_3^2+L_1^2}\right)\cos\theta + P_3(L_1 L_2) = 0 \qquad (2.21)$$

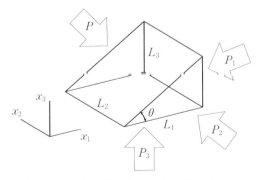

**図 2-6** 静止した流体中の三角柱に作用する圧力の模式図．$x_1, x_2, x_3$ 方向の圧力をそれぞれ $P_1, P_2, P_3$ とし，斜面に垂直方向に作用する圧力を $P$ とする．

である．$\sin\theta$, $\cos\theta$ を $L_1, L_2, L_3$ で表すと，

$$P = P_1 = P_3 \tag{2.22a}$$

が導かれる．さらに，三角柱をどのように回転させても同様の取り扱いができ，次の普遍的な関係が導かれる．

$$P = P_1 = P_2 = P_3 \tag{2.22b}$$

式(2.22b)は，静止した流体中の任意の点にはあらゆる方向から等方的に単位面積あたりの力である圧力が作用することを示している．

式(2.22a, b)の導出では重力がないとしたが，後述するように，静止した流体中には重力により鉛直方向に圧力勾配が生じる．しかし，ある点の圧力は微小領域 $\Delta x_1 \Delta x_2 \Delta x_3$ の体積がゼロになる極限であり，体積を有しない点であれば重力の影響が排除される．つまり，ある点(位置)に定義される圧力はつねに流体に対して等方的に作用している．この等方性が圧力の本質である．

### 2.4.2 オイラーの平衡方程式

図 2-7 のように，静止した密度 $\rho$ の流体中の微小領域 $(dx_1\,dx_2\,dx_3)$ における力学的平衡を考える．圧力の定義の際に用いた点ではなく，有限の面積と体積を持った微小要素における力のつり合いであり，圧力は位置に依存する．また，流体に作用する体積力の加速度を $\bm{G}$ (ベクトル)とすると，この微小領域には $\rho\bm{G}(dx_1\,dx_2\,dx_3)$ の力が作用する．

$x_1$ 方向の力のつり合いは，

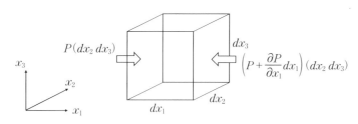

図 2-7　静止した流体中の微小領域 $(dx_1\,dx_2\,dx_3)$ における力学的平衡．

2.4 静止流体における力のつり合い 31

$$P(dx_2\,dx_3) - \left(P + \frac{\partial P}{\partial x_1}dx_1\right)(dx_2\,dx_3) + \rho\boldsymbol{G}\cdot\boldsymbol{e}_1(dx_1\,dx_2\,dx_3) = 0 \quad (2.23\text{a})$$

である．ただし，$\boldsymbol{e}_1$ は $x_1$ 軸方向の単位ベクトルである．他の二つの軸についても同様に力のつり合いを考えると，

$$P(dx_3\,dx_1) - \left(P + \frac{\partial P}{\partial x_2}dx_2\right)(dx_3\,dx_1) + \rho\boldsymbol{G}\cdot\boldsymbol{e}_2(dx_1\,dx_2\,dx_3) = 0 \quad (2.23\text{b})$$

$$P(dx_1\,dx_2) - \left(P + \frac{\partial P}{\partial x_3}dx_3\right)(dx_1\,dx_2) + \rho\boldsymbol{G}\cdot\boldsymbol{e}_3(dx_1\,dx_2\,dx_3) = 0 \quad (2.23\text{c})$$

となる．上記の3式を整理して，力のつり合いをベクトルで表記すると

$$-\frac{\partial P}{\partial x_1}\boldsymbol{e}_1 - \frac{\partial P}{\partial x_2}\boldsymbol{e}_2 - \frac{\partial P}{\partial x_3}\boldsymbol{e}_3 + \rho\boldsymbol{G} = 0 \qquad (2.24\text{a})$$

$$-\frac{\partial P}{\partial x_i}\boldsymbol{e}_i + \rho\boldsymbol{G} = 0 \qquad (2.24\text{b})$$

となる．式(2.24b)は総和記号を省略した表現を用いている．この式は圧力勾配により生じる力と体積力のつり合いの式であり，

$$-\nabla P + \rho\boldsymbol{G} = -\operatorname{grad}P + \rho\boldsymbol{G} = 0 \qquad (2.25)$$

と表記することも可能である．体積力とつり合うように圧力分布が発生して，流体が静止していることがわかる．これらの方程式は，**オイラーの平衡方程式**（Euler's equilibrium equation）と呼ばれる．

次に図 2-8 のように，$x_3$ 軸の負方向に重力（重力加速度の大きさ $g$）が作用している水槽を考える．重力が作用しない $x_1, x_2$ 軸方向の力のつり合いの式は，

$$\frac{\partial P}{\partial x_1} = \frac{\partial P}{\partial x_2} = 0 \qquad (2.26)$$

である．$x_3$ 軸方向の力のつり合いは，

$$-\frac{dP}{dx_3} - \rho g = 0 \qquad (2.27)$$

である．水面の位置を $x_3 = 0$ とし，圧力を $P = 0$ とすると，深さ $h$ の位置の圧力は，

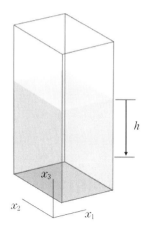

図 2-8 水槽内に生じる圧力.

$$P(h) = \int_0^P dP = -\rho g \int_0^{-h} dx_3 = \rho g h \tag{2.28}$$

となり,圧力の大きさは単位体積あたりの**位置エネルギー**(potential energy)に等しいことがわかる[*5].

静止した流体中では,等方的な力学的作用である圧力と重力などの外力との力学的つり合いを考えることで圧力の分布を導くことができる.流体と密度が違う物体を流体中に配置すると浮力が生じる.この浮力も物体に作用する圧力から求められ,**アルキメデスの原理**(Archimedes' principle)を導出できる(演習 2[4]参照).

## 2.5 流体のエネルギー収支

### 2.5.1 質量保存則

図 2-9 のように,断面積が変化している管内の流れについて,質量の収支である**質量保存則**(law of conservation of mass)を考える.ただし,流体は粘

---

[*5] 圧力勾配のみが寄与するので,任意の点で基準となる圧力を設定して,流体に作用する力のつり合いを考えることができる.

## 2.5 流体のエネルギー収支

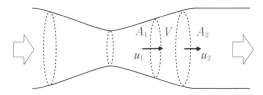

**図 2-9** 断面積が変化した管内の定常流の模式図.

度がゼロの完全流体であり,流体の粘性により生じる摩擦とそれに伴うエネルギーの損失はないとする.管内では断面積に応じて流速ベクトルが変化するが管壁に沿った層流とする.断面積 $A_1$ と $A_2$ の面に挟まれた体積 $V$ を**検査体積** (control volume) として,断面積 $A_1, A_2$ の面を通過する流体の平均速度をそれぞれ $u_1, u_2$ とする.オイラーの方法に基づくと,断面積 $A_1$ の面から単位時間あたりに流入する流体の質量 $\dot{m}_1$ は,

$$\dot{m}_1 = \rho_1 A_1 u_1 \tag{2.29}$$

である.同様に,断面積 $A_2$ の面から単位時間あたりに流出する流体の質量 $\dot{m}_2$ は,

$$\dot{m}_2 = \rho_2 A_2 u_2 \tag{2.30}$$

である.定常流れでは,検査体積にある流体の質量は変化しないので,$\dot{m}_1 - \dot{m}_2 = 0$ である.したがって,

$$\rho_1 A_1 u_1 = \rho_2 A_2 u_2 \tag{2.31}$$

が成り立つ.さらに,非圧縮性流体であれば密度 $\rho$ が一定なので,

$$A_1 u_1 = A_2 u_2 \tag{2.32}$$

の関係が導かれる.

次に,流体粒子の軌跡を追うラグランジュの方法に基づいて物質の収支を考える.あるときに検査体積内にある流体粒子の質量を $M$ として,この流体粒子の集合について物質の収支を考えると,$\dot{m}_2$ だけ検査体積内から外に流体粒子が移動し,$\dot{m}_1$ だけ検査体積外から内に流体粒子が移動しているので,

34    第2章    運動量の輸送

$$\frac{DM}{Dt} = \dot{m}_2 - \dot{m}_1 = \rho_2 A_2 u_2 - \rho_1 A_1 u_1 \tag{2.33}$$

となる．流れが定常状態であれば $DM/Dt = 0$ であり，式 (2.31) が導かれる．オイラーの方法とラグランジュの方法のいずれでも同じ関係が導かれるのは自明であるが，運動の取り扱う方法を混同しない必要がある．

### 2.5.2　エネルギーの収支

図 2-9 の流れについて，エネルギーの収支から**ベルヌーイの式**（Bernoulli's formula）と呼ばれるエネルギー収支の関係式を導く．ただし，流体の粘性から生じる摩擦による流体のエネルギーの消失は無視できるとする．流体の単位質量あたりのエネルギー $e_f$ は，

$$e_f = e_{int} + \frac{u^2}{2} + gz \tag{2.34}$$

と表される．右辺は第 1 項からそれぞれ，流体の内部エネルギー $e_{int}$，運動エネルギー $u^2/2$，位置エネルギー $gz$ である．相変態，外力による弾性エネルギーの蓄積，流体と外部との熱のやりとりがあれば内部エネルギー $e_{int}$ が変化する．逆に内部エネルギーの変化が無視できる条件では，より簡単にエネルギーの収支を取り扱える．

体積 $V$ の検査体積の流体が持つエネルギー $E_f$ は，

$$E_f = \int_V e_f (\rho \, dV) \tag{2.35}$$

である．前節と同様の取り扱いを検査体積に存在した流体のエネルギーの時間変化に適用すると，

$$\frac{DE_f}{Dt} = \dot{m}_2 e_2 - \dot{m}_1 e_1 = \dot{m}(e_2 - e_1) \tag{2.36}$$

なる．ここで，$e_1$ と $e_2$ は，式 (2.34) で定義した検査体積に流入，流出した流体の単位質量あたりのエネルギーである．定常流れであれば検査体積内の流体の質量は不変であるが，流体の相変態，外部との熱のやりとり，外部からの仕事などがあれば，内部エネルギー，運動エネルギー，位置エネルギーは変化する．したがって，式 (2.36) がゼロになるとは限らない．

2.5 流体のエネルギー収支　35

　検査体積に存在した流体について，**熱力学の第1法則**(first law of thermo-dynamics)を適用すると，

$$\dot{m}(e_2 - e_1) = Q_{\mathrm{net}} + W_{\mathrm{net}} \tag{2.37}$$

となる．$Q_{\mathrm{net}}$ は流体に与えられた熱と流体から奪った熱の差であり，$W_{\mathrm{net}}$ は流体に加えられた仕事である．ここで仕事 $W_{\mathrm{net}}$ を，圧力がなした仕事 $W_{\mathrm{p}}$ と外部の機械がなした仕事 $W_{\mathrm{s}}$(例えば，撹拌，ポンプなど)に分ける．圧力がなした仕事 $W_{\mathrm{p}}$ は，圧力と体積の積であり，

$$W_{\mathrm{p}} = -P_2 A_2 u_2 + P_1 A_1 u_1 \tag{2.38}$$

である．この関係を式(2.37)に代入すると次式の関係が導かれる．

$$\dot{m}(e_2 - e_1) = Q_{\mathrm{net}} + W_{\mathrm{s}} - P_2 A_2 u_2 + P_1 A_1 u_1 \tag{2.39}$$

定常流れでは式(2.33)がゼロであること，式(2.34)の関係から，

$$e_2 - e_1 = \frac{Q_{\mathrm{net}}}{\dot{m}} + \frac{W_{\mathrm{s}}}{\dot{m}} - \left( \frac{P_2}{\rho_2} - \frac{P_1}{\rho_1} \right) \tag{2.40a}$$

$$[e_{\mathrm{int}}^{(2)} - e_{\mathrm{int}}^{(1)}] + \left( \frac{u_2^2}{2} - \frac{u_1^2}{2} \right) + g(z_2 - z_1)$$

$$= \frac{Q_{\mathrm{net}}}{\dot{m}} + \frac{W_{\mathrm{s}}}{\dot{m}} - \left( \frac{P_2}{\rho_2} - \frac{P_1}{\rho_1} \right) \tag{2.40b}$$

ここで，$e_{\mathrm{int}}^{(1)}$ と $e_{\mathrm{int}}^{(2)}$ は，それぞれ断面積 $A_1$ と断面積 $A_2$ の面を通過した単位質量あたりの流体の内部エネルギーなので，単位質量あたりの**エンタルピー**(enthalpy)を $h$ とすると *6，断面積 $A_1$ と断面積 $A_2$ の面を通過した流体の単位質量あたりのエンタルピーは，それぞれ次式となる．

$$h_1 = e_{\mathrm{int}}^{(1)} + \frac{P_1}{\rho_1} \tag{2.41a}$$

$$h_2 = e_{\mathrm{int}}^{(2)} + \frac{P_2}{\rho_2} \tag{2.41b}$$

---

*6　単位体積あたりのエンタルピーは，$\rho e_{\mathrm{int}} + P$ である．

36　第2章　運動量の輸送

これらを式(2.40b)に代入すると，断面積 $A_1$ と $A_2$ の面の間におけるエネルギー収支が，次式のように導かれる．

$$(h_2 - h_1) + \left(\frac{u_2^2}{2} - \frac{u_1^2}{2}\right) + g(z_2 - z_1) = \frac{Q_{\text{net}}}{\dot{m}} + \frac{W_s}{\dot{m}} \tag{2.42}$$

左辺の第1項が流体のエンタルピー変化であり，第2項が**運動エネルギー**(kinetic energy)の変化，第3項が位置エネルギーの変化である．右辺の第1項は実質的に流体に加えられた熱であり，第2項が流体になされた仕事である．

　式(2.42)の流れのエネルギー収支において，エンタルピー項は，日常生活で接する水道の流れを想像すると実感が湧かないかもしれない．水を0℃から100℃まで加熱したときのエンタルピー変化は，水の比熱 4.2 kJ/(kg·K) を用いると，$4.2 \times 10^5$ J/kg である．この単位質量あたりのエネルギーに相当する運動エネルギーの速度は流速 900 m/s，位置エネルギーの高低差は 420 m である．熱力学の第2法則で示されるように，エンタルピー差をすべて運動エネルギーや位置エネルギーに変換することはできないが，このようなエンタルピー変化が無視できない場合がある．例えば，高温の蒸気が送り込まれてタービンを回転させて運動エネルギーに変換されて低温の蒸気が排出される蒸気タービンを想像すると，エンタルピーの寄与を実感できるはずである．

### 2.5.3　ベルヌーイの式

　流体のエネルギー収支を示す式(2.42)は，完全流体を前提にエンタルピーも含まれている．水溶液や金属合金の融液の流れでは，粘性によるエネルギーの損失やエンタルピー変化が無視できる条件も少なくない．具体的には，流体と外部の熱のやりとりによる温度変化，流路との摩擦や渦の発生などによる運動エネルギーの熱エネルギーへの転換，流体が外部からなされる仕事のいずれもが無視できる場合である．そこで，流体と外部との熱のやりとりがない $(Q_{\text{net}} = 0)$，密度は一定で相変態や温度変化がない $(e_{\text{int}}^{(2)} - e_{\text{int}}^{(1)} = 0)$，外部との仕事がない $(W_s = 0)$ 条件で，エネルギーの収支を考えると次式となる．

$$\frac{1}{\rho}(P_2 - P_1) + \left(\frac{u_2^2}{2} - \frac{u_1^2}{2}\right) + g(z_2 - z_1) = 0 \tag{2.43}$$

この式を一般化すると，

$$P + \frac{\rho u^2}{2} + \rho g z = \text{const.} \tag{2.44}$$

となり，これはベルヌーイの式と呼ばれる．左辺の圧力，単位体積あたりの運動エネルギー，単位体積あたりの位置エネルギーの和が一定になる関係は，いろいろな流れの解析に利用できる．

### 2.5.4 ベルヌーイの式の応用例

ベルヌーイの式は，厳密には粘度がゼロの完全流体で成立する式である．つまり，粘性による摩擦，さらにそれに伴う力学的エネルギーの熱エネルギーへの変換が無視できる場合にはこの式が利用できる．ただし，摩擦の影響が無視できない場合も流速，位置エネルギー，圧力を概算するには便利なこともある．以下に，ベルヌーイの式の適用範囲も含めて応用例を示す．

図 2-10 ( a ) は，無回転の球が球周辺を除いて静止した大気中を速度 $V$ で運動している様子である．質点系の力学において，空気による抵抗[*7]が速度の2乗に比例すると仮定して，その比例係数を $k_i$ とすれば，質量 $m$ の球の水平

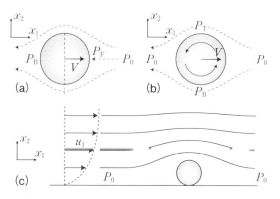

**図 2-10** 流体中の球周辺の流れと圧力．（a）無回転の球，（b）移動方向に垂直かつ水平方向に平行な回転軸で回転した球，（c）容器の底に沈んだ球．

---

[*7] ここでは，完全流体（非粘性・非圧縮）を取り扱っているので，空気の粘性により生じる抵抗ではなく，球が流体を排除するための抵抗である．

**38　第2章　運動量の輸送**

方向，垂直方向(重力方向)の運動方程式は，それぞれ，

$$m \frac{du_1}{dt} = -k_1 \cdot u_1^2 \tag{2.45}$$

$$m \frac{du_2}{dt} = -k_2 \cdot u_2^2 - mg \tag{2.46}$$

となる．比例係数 $k_i$ が定量化や関数化できれば，球の軌跡を一意に決定できる．そのためには，流体の運動を考える必要があるが，単純でないことを以下で説明する．

　球の先端に接した空気は，球の速度 $V$ と同じ速度で水平方向に運動している．球から見ると点線で示された流れになり，速度 $V$ で近づいてきた空気が球の先端で速度0になっている．ベルヌーイの式を適用すると，

$$(P_0 - P_{\mathrm{F}}) + \frac{\rho_{\mathrm{air}}}{2} (V^2 - 0) = 0 \tag{2.47a}$$

となり，球の前面の圧力 $P_{\mathrm{F}}$ を求めることができる．圧力差 $(P_{\mathrm{F}} - P_0)$ は球の速度の2乗に比例しており，空気の抵抗も速度の2乗に比例することが示唆される．

　一方，球の後面の圧力 $P_{\mathrm{B}}$ についても同様の導出をすると，

$$(P_{\mathrm{B}} - P_0) + \frac{\rho_{\mathrm{air}}}{2} (0 - V^2) = 0 \tag{2.47b}$$

となり，$P_{\mathrm{F}} = P_{\mathrm{B}}$ になる．つまり，前面と後面の圧力差はなく，球には空気の抵抗が働かないことになり，現実と大きく矛盾する．この矛盾は，ベルヌーイの式が完全流体(粘度が0)に基づいて導出していることに起因する．

　現実の粘性流体では，球の速度が小さく，球の周りの流れが層流である場合，球周辺には速度勾配が生じ，空気の粘性から摩擦が生じる．流速が増加して乱流になると前面と後面の流れは対称ではなく，球面では流れの剥離や球の背後に渦が起こり，これらが抵抗になる．このように，粘性や乱流が明らかに寄与する現象ではベルヌーイの式を適用できない．詳細について興味や必要があれば，流れの専門書で学習できる．

　次に，図2-10(b)のように回転運動と並進運動している球の運動についてベルヌーイの式を使って定性的に考える．重力の方向を $-x_2$ 軸方向とする

と，球の回転はいわゆる下回転である．卓球や野球で頻繁に見られる回転である．このような回転があると，球の運動は，式 (2.45)，(2.46) に基づいた質点の解析結果と必ずしも一致しない．図 2-10(b) のように球が回転している場合，球を基準にすると上部の流速は下部の流速よりも大きい．ベルヌーイの式を考えると，

$$P_T < P_B \tag{2.48}$$

の関係が求められ，この圧力差は球を浮上させる力として作用する．球の回転速度が十分に速いと，重力と比較して鉛直上向きの力が無視できなくなり，球は放物線よりも上に遷移した軌道となる．球の密度が低く，回転速度が十分に速ければ，球が浮き上がることも容易に理解できる．また，重力方向が紙面に垂直な $-x_3$ 軸方向であれば，球は $x_2$ 軸方向にカーブする．このように，回転軸の方向により球はいろいろな軌跡を取ることが想像できる．これらはベルヌーイの式を用いた議論であり，球が曲がる現象には空気の粘性は寄与していない．

図 2-10(c) は，密度差により容器の底に沈んでいる流体中の球である．$x_1$ 軸方向に流れがあると，底面と接する位置で流速がゼロで，底から離れるにつれて流速が大きくなる速度勾配がある．さらに，球を避けるように流れるので，球の上部で流速が増す．このような流速分布では，球上部の圧力は下部の圧力よりも低くなり，密度差を補う浮力が生じると球は浮上して容器の底から離脱する．このような現象は，ファンデアワールス力など比較的弱い力で壁面に付着する粒子を壁面から引き剥がす効果があり，流速が大きくなるほどその効果が大きくなる．例えば，日常生活においても，水槽に沈殿した砂は水をかき混ぜると底から浮上し，流動速度が十分に大きくなると水と砂は混合された状態になる現象を知っているはずである．流れの専門書を参照すれば，より定量的な議論が可能である．

## 2.6　粘性流体の流れ

### 2.6.1　粘性によるエネルギー損失

非粘性かつ非圧縮性である**完全流体**(perfect fluid)を前提にしたベルヌー

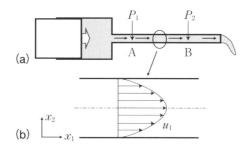

**図 2-11** （a）円筒管を流れる粘性流体と圧力損失，（b）円管中の速度分布（層流）．

の式により，粘度の低い流体を対象としている場合には圧力差や速度を概算できる．一方，粘度が低い流体であっても管内を流すためには圧力差が必要である．例えば，水平に設置した等断面の円管を使って流体を輸送するとき，粘度に起因した摩擦によるエネルギーや圧力の損失を求めることが必要である．また，そもそも粘度の高い流体では摩擦が支配的な流れであり，ベルヌーイの式のみで流れを理解することはできない．そこで，粘性流体の管内の流れについて考える．

図 2-11（a）は，円筒管内の粘性流体の流動を模式的に示している．流体を左から右に流すためには，上流側の点 A の圧力 $P_1$ が下流側の点 B の圧力 $P_2$ よりも高くなる必要がある．ここで，流体の粘性により失われた点 A-B 間の圧力損失を $\Delta P$，流動方向の高さをそれぞれ $z_1, z_2$ として，ベルヌーイの式を拡張すると，

$$P_1 + \frac{\rho u_1^2}{2} + \rho g z_1 = P_2 + \Delta P + \frac{\rho u_2^2}{2} + \rho g z_2 \qquad (2.49)$$

となる．圧力は単位体積あたりのエネルギーであり，圧力損失 $\Delta P$ は単位体積あたりのエネルギー損失に相当する．

このエネルギー損失は，質点系の力学における摩擦による運動エネルギーの損失と等価である．図 2-11（b）は，管内の流速を示している．固体壁面と接触している流体の速度はゼロになるため管内には速度勾配が生じる．ニュートン流体の層流であれば，粘度 $\mu$ は一定であり，せん断応力

$$\tau = -\mu \frac{du_1}{dx_2} \tag{2.50}$$

が流体に作用する．壁面に接した流体が静止しているので，このせん断応力は流動に対する抵抗となる．摩擦力は非保存力であるので，せん断応力により流体は運動エネルギーを失う．このような流れに対する抵抗は粘性摩擦抵抗と呼ばれる．

### 2.6.2　ハーゲン-ポアズイユ流れ

　直線の円筒管内の層流は，粘性摩擦抵抗が作用する流れを理解する基本となる．ここでは，**ハーゲン-ポアズイユ流れ**（Hagen-Poiseuille flow）と呼ばれるもっとも単純な円筒管内の定常状態の層流を例に，流体と壁に生じる**摩擦力**（friction force），**エネルギー損失**（energy loss），**圧力損失**（pressure loss）を学ぶ．

　**図 2-12** は，水平方向に設置された直径（$2R$）の円筒管内を左から右に流体が層流で流れている．流動方向を $z$ 軸，半径を $r$ 軸として円柱座標系を用いると，流れは $z$ 軸周りに対称なので $z$ 軸に垂直な平面内の回転角度 $\theta$ に依存しない．図中の円柱形状の検査体積に作用する圧力 $P$，せん断応力 $\tau$ について考える．

　検査体積の左右の面に作用する圧力 $P$ による力は，

$$\left[ P - \left( P + \frac{dP}{dz} \Delta z \right) \right] \pi r^2 = -\pi r^2 \frac{dP}{dz} \Delta z \tag{2.51}$$

である．半径 $r$ の円柱の側面に作用するせん断応力の大きさを $\tau$ とすると，せん断応力により検査体積に作用する力は $z$ 軸の負の方向に作用するので，

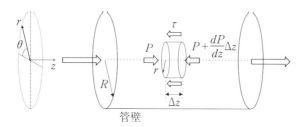

図 2-12　円筒管を流れる粘性流体と圧力損失．円管中の速度分布（層流）．

42    第 2 章    運動量の輸送

$$- \tau (2\pi r \cdot \Delta z) \tag{2.52}$$

となる. 定常状態ではこの二つの力がつり合うので,

$$\tau = -\frac{r}{2}\frac{dP}{dz} \tag{2.53}$$

となる. 一方, 粘度の定義である式 (2.50) から, 流体の粘度 $\mu$, $z$ 軸方向の流速を $u_z$ とすると,

$$\tau = -\mu \frac{du_z}{dr} \tag{2.54}$$

である. 式 (2.53) と (2.54) から次の常微分方程式が導かれる.

$$\frac{du_z}{dr} = \frac{r}{2\mu}\frac{dP}{dz} \tag{2.55}$$

ここで, 定常状態の流れでは, 式 (2.51) で求められた圧力から受ける力は, $z$ 座標に依存しないので, 圧力勾配 $dP/dz$ は一定値である. さらに, $u_z(r=R)=0$ が境界条件となるので,

$$u_z(r) = -\frac{R^2}{4\mu}\left(\frac{dP}{dz}\right)\left[1-\left(\frac{r}{R}\right)^2\right] = u_0\left[1-\left(\frac{r}{R}\right)^2\right] \tag{2.56}$$

となる. $u_0$ は円筒管の中心における流速であり,

$$u_0 \equiv u_z(r=0) = -\frac{R^2}{4\mu}\left(\frac{dP}{dz}\right) \tag{2.57}$$

である. また, 円筒管を流れる流体の流量 $q$, 平均流速 $\bar{u}_z$ は, それぞれ

$$q = \frac{\pi R^4}{8\mu}\left(-\frac{dP}{dz}\right) \tag{2.58}$$

$$\bar{u}_z = \frac{R^2}{8\mu}\left(-\frac{dP}{dz}\right) = \frac{1}{2}u_0 \tag{2.59}$$

となる.

　流量 $q$ は, 円筒管の半径 $R$ の 4 乗に比例しており, 半径が半分になったときに同じ流量を確保するためには, 圧力勾配を 16 倍する必要がある. 小径のストローに比べて, 大径のストローでは容易に飲み物を吸い上げられることを日常生活で実感しているのではないだろうか. また, ホースでの散水では, 同じ水の量, つまりホース中の圧力勾配を同じに維持するとホース両端の圧力差

はホースの長さに比例する．ホースが長くなるほど水の勢いが低下する現象も実感しているはずである．

このセクションでは管内の層流を取り扱ったが，現実には層流から乱流の遷移領域や乱流領域で流体の輸送も行われる．このような場合，レイノルズ数などの無次元数の関数である**管摩擦係数**(pipe friction factor)を用いて圧力損失を評価できる．

### 2.6.3　円管内の乱流とレイノルズ応力

流速の増加や円管の径の増加により，流体のレイノルズ数 $Re$ が大きくなると，円管内の流れは層流から乱流に遷移する．本章では，乱流について簡単に取り扱い，次章以降の熱および物質の輸送に及ぼす乱流の影響を定性的に理解できるようにする．

円柱座標系における速度 $\boldsymbol{u}$ は，半径 $r$ 方向の単位ベクトル $\boldsymbol{e}_r$，円周 $\theta$ 方向の単位ベクトル $\boldsymbol{e}_\theta$，$z$ 軸方向の単位ベクトル $\boldsymbol{e}_z$ を用いて，

$$\boldsymbol{u} = \frac{dr}{dt}\boldsymbol{e}_r + r\frac{d\theta}{dt}\boldsymbol{e}_\theta + \frac{dz}{dt}\boldsymbol{e}_z = u_r\boldsymbol{e}_r + u_\theta\boldsymbol{e}_\theta + u_z\boldsymbol{e}_z \tag{2.60}$$

である．2.3節で学習したように，定常流ではない乱流では流速，圧力は変動し，図2-13(a)のような円管内の流れでは，$z$ 軸方向だけでなく，半径 $r$ 方向および円周 $\theta$ 方向にも流れが生じる．ここでは，便宜的に流速を時間平均した平均流速と流速の変動分に分離できるとして，それぞれの方向の流速を次式のように定義する．

$$u_r = \bar{u}_r + u'_r = u'_r \tag{2.61a}$$

$$u_\theta = \bar{u}_\theta + u'_\theta = u'_\theta \tag{2.61b}$$

$$u_z = \bar{u}_z + u'_z \tag{2.61c}$$

ここで，円管に沿う流れでは半径方向と円周方向の平均流速はゼロであり，$\bar{u}_r = 0$，$\bar{u}_\theta = 0$ としている．

図2-13(b)は，図2-13(a)に示した検査体積の拡大図である．この検査体積について半径方向に垂直な面(面積 $dS = r\,d\theta\,dz$)を通過する流れに注目すると，微小時間 $dt$ の間にこの面を通過する流体の質量は $\rho\,u'_r\,dS\,dt$ であり，単

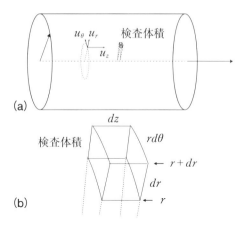

**図 2-13** 円管内の乱流．（a）円管の座標系と検査体積，（b）検査体積の拡大図．

位時間あたりにこの面を通過する流体の $z$ 軸方向の運動量を $p$ とすると，

$$p\,dt = \rho u'_r(\bar{u}_z + u'_z)\,dS\,dt \tag{2.62}$$

となる．乱流は非定常流なので，時間平均を取ると，

$$\bar{p} = \int_0^\infty p\,dt \bigg/ \int_0^\infty dt = \rho\,\overline{u'_r(\bar{u}_z + u'_z)}\,dS = \rho\,(\overline{u'_r\,\bar{u}_z} + \overline{u'_r u'_z})\,dS \tag{2.63}$$

である．$\overline{u'_r\,\bar{u}_z} = \overline{u'_r}\cdot\bar{u}_z = 0$ であるが，互いに影響を及ぼす変動成分の積である $\overline{u'_r u'_z}$ はゼロにはならない．したがって，

$$\bar{p} = \rho\,\overline{u'_r u'_z}\,dS \neq 0 \tag{2.64}$$

であり，半径 $r$ 方向に垂直な面には時間平均で $z$ 軸方向に運動量 $\bar{p}$ を有した流体が通過することになる．

式(2.64)についてもう少し詳しく考える．単位時間・単位面積あたりに通過する平均の運動量 $\bar{q} = (\bar{p}/dS)$ の次元は Pa であり，応力の単位と一致している．半径 $r$ の面から半径 $r+dr$ の面まで流体が流れると，同じ量の流体が半径 $r+dr$ の面から半径 $r$ の面に流れると仮定する．この仮定は，乱流により生じた渦は等方的に発生しており，検査体積の半径 $r$ 方向に垂直な二つの面間を移動する流体の量は等しいとした近似といえる．半径 $r$ の面から半径

$r+dr$ の面への単位時間・単位面積あたりの正味の運動量 $d\bar{q}$ は,

$$d\bar{q} = \rho\overline{u_r' u_z'} - \rho\overline{u_r'\left(u_z' + \frac{du_z'}{dr}dr\right)} = \rho\overline{u_r'\left(\frac{du_z'}{dr}\right)}dr \quad (2.65)$$

となる.ここでは,$u_r > 0$ で考えると,この流れは管壁に近づくので $du_z'/dr < 0$ なので,式(2.65)は負の値になる.逆に $u_r < 0$ で考えると,壁面から遠ざかる流れでも式(2.65)は負となる.したがって,乱流により生じた渦は,平均で

$$\tau' = -\rho\overline{u_r' u_z'} \quad (2.66)$$

のせん断応力を作用させており,この応力を**レイノルズ応力**(Reynolds stress)と呼ぶ.

上記のレイノルズ応力は,変動成分 $u_r', u_\theta', u_z'$ について具体的な説明がないので曖昧さを感じるのは当然である.本章では,円管内の流れを例として,乱流により流速が変動すると,運動量が半径方向や円周方向にも輸送されること,半径方向や円周方向への単位時間・単位面積あたりの運動量の輸送はせん断応力に相当し,乱流はあたかも流体の粘度が増加したような影響を流動に与えることを定性的に理解することが目的である.また,図2-14に層流および乱流における円管内の流速分布を模式図として示す.層流では前節で学習したように,流速は半径 $r$ を円管の半径 $R$ で規格化した値の2乗に依存し,$1-(r/R)^2$ で示された.一方,流体では粘度が増加したような流れ,つまり,運動力の拡散が大きくなった流れになるので,時間で平均した円管方向の流速

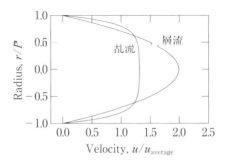

図2-14 円管内の層流および乱流における流速分布(模式図).

は壁面から急に大きくなり，中央部で平均流速の変化が小さくなる．詳細について知りたいときは，流体力学に関する専門書にあたることを推奨する．

### 2.6.4 多孔質媒体中の流れ

材料製造プロセスでは，気体，融液，水溶液などがフィルターなどの多孔質媒質を通過したり，融液が凝固・結晶成長時にデンドライトと呼ばれる固相のネットワーク中を流動したりする現象がある．ここでは，円管中の層流の取り扱いを展開し，多孔質媒体中の流れについて学習する．

図 2-15( a )は，**多孔質媒体**(porous media)の模式図である．多孔質媒体中の流れは，流体が通過できる気孔の体積率である**気孔率**(porosity)$\epsilon$と流体の**透過率**(permeability)$K$をパラメータとして，流体と多孔体媒質の界面に生じる粘性による抵抗と流れの駆動力である圧力勾配のつり合いで決まる．図 2-15( b )のように，多孔質媒体を多数の微細管の流動パスからなる集合体と見なし，一つの流路パスに着目する．このような微細管では流路が相対的に小さいのでレイノルズ数は小さくなり，流体の粘性が支配した流れと考えられるので，ハーゲン-ポアズイユ流れと類似した議論が可能である．一つの流動パスを流れる流体の流量 $q_\mathrm{p}$ は，圧力勾配に比例するので，

$$q_\mathrm{p} = \frac{\zeta \pi R_\mathrm{P}^4}{8\mu}\left(-\frac{dP}{dx}\right) \tag{2.67}$$

となる．係数 $\zeta$ は円管ではないことを考慮した修正係数であり，流路の断面積を $\pi R_\mathrm{P}^2$ と近似できるとすると，単位断面積あたりの流路の数 $N_\mathrm{P}$ は，

$$N_\mathrm{P} = \frac{\epsilon}{\pi R_\mathrm{P}^2} \tag{2.68}$$

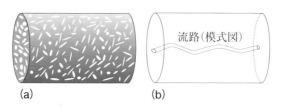

図 2-15　多孔質媒体とその流路の模式図．

である．したがって，単位時間・単位断面積あたりの多孔質媒体を通過する流体の量 $Q_\mathrm{p}$ は，

$$Q_\mathrm{p} = N_\mathrm{p} \cdot q_\mathrm{p} = \frac{(\epsilon \zeta R_\mathrm{p}^2/8)}{\mu}\left(-\frac{dP}{dx}\right) \equiv \frac{K}{\mu}\left(-\frac{dP}{dx}\right) \tag{2.69}$$

となる．ここで，透過率 $K$ を $\epsilon \zeta R_\mathrm{p}^2/8$ と定義したが，いずれの項も多孔質媒体の形状を反映したパラメータである．つまり，透過率 $K$ は流体の密度や粘度などの物性値には関係せず，多孔質媒体の幾何学的形状のみで決まるパラメータである．流路中の流体の平均速度を $u_\mathrm{p}$ とすると，次式となる．

$$u_\mathrm{p} = \frac{Q_\mathrm{p}}{\epsilon} = -\frac{K}{\epsilon\mu}\left(\frac{dP}{dx}\right) \tag{2.70a}$$

ここまでは一次元の流れを考えた．流速，圧力勾配を，それぞれベクトル（1 階のテンソル）として取り扱うと，これらの関係を結びつける透過率は 2 階のテンソルになり，次の関係が得られる．

$$\boldsymbol{u}_\mathrm{p} = -\frac{1}{\epsilon\mu}\boldsymbol{K}\nabla P = -\frac{1}{\epsilon\mu}\begin{bmatrix} K_{11} & K_{12} & K_{13} \\ K_{21} & K_{22} & K_{23} \\ K_{31} & K_{32} & K_{33} \end{bmatrix}\begin{bmatrix} dP/dx_1 \\ dP/dx_2 \\ dP/dx_3 \end{bmatrix} \tag{2.70b}$$

多孔質媒体の流路に異方性があると透過率 $\boldsymbol{K}$ の非対角項はゼロではなく，流速ベクトルと圧力勾配ベクトルの方向は一致しない．透過率を 2 階のテンソルで表現すると，複雑な流れを解析できる．

複雑な流路のある多孔体媒質の流れを厳密に解析することは容易ではないが，透過率を用いることで比較的容易に解析が可能になる．また，透過率は流体の物性に関係しないので，水や空気で測定した透過率を高温の金属融液に用いることも可能である．

## 2.7 流体の運動方程式

### 2.7.1 連続の式

この節では，質点系の**ニュートンの運動方程式**（Newton's equation of motion）に対応する流体の基礎方程式について学習する．質点系では運動方程式のみで質点の運動を記述できたが，連続体である流体ではその連続性を考慮す

る必要がある．図2-16は，検査体積である微小要素 ($dx_1 \, dx_2 \, dx_3$)の各面における流体の流入と流出を示している．この検査体積に流入する量が流出する量よりも大きければ検査体積の密度が増加し，逆であれば密度が減少する．

図2-16に示した微小要素($dx_1 \, dx_2 \, dx_3$)について，要素内の密度変化，流入量と流出量に基づいて質量保存則を考えると，以下の**連続の式**(equation of continuity)と呼ばれる基礎方程式が導かれる．

$$\frac{\partial \rho}{\partial t} + \frac{\partial \rho u_1}{\partial x_1} + \frac{\partial \rho u_2}{\partial x_2} + \frac{\partial \rho u_3}{\partial x_3} = 0 \tag{2.71a}$$

$$\frac{\partial \rho}{\partial t} + \nabla \cdot (\rho \boldsymbol{u}) = 0 \tag{2.71b}$$

$$\frac{\partial \rho}{\partial t} + (\boldsymbol{u} \cdot \nabla)\rho + \rho (\nabla \cdot \boldsymbol{u}) = 0 \tag{2.71c}$$

式(2.71c)の左辺第1項と第2項はラグランジュの方法で述べた実質微分であり，式(2.71c)は，

$$\frac{D\rho}{Dt} + \rho (\nabla \cdot \boldsymbol{u}) = 0 \tag{2.72}$$

と表せる．さらに，本書でおもに扱う非圧縮性流体の連続の式は，

$$\frac{\partial u_1}{\partial x_1} + \frac{\partial u_2}{\partial x_2} + \frac{\partial u_3}{\partial x_3} = 0 \tag{2.73a}$$

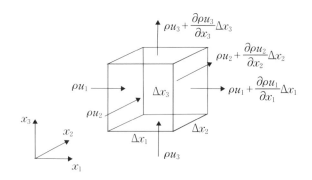

図2-16 検査体積(微小要素)における流体の流入と流出．

$$\nabla \cdot \boldsymbol{u} = 0 \tag{2.73b}$$

となる．連続体である流体では，質量保存則である連続の式が支配方程式の一つになる．

### 2.7.2 流体に作用する応力

流体中に作用する応力は圧力と粘性から生じる．前者は，重力により水深に比例した圧力を生じさせたように，静止している流体にも生じる応力である．流動している流体中の圧力は，静止した流体の圧力に比べて複雑な取り扱いが必要であり，連続の式と密接に関係している．後者は流体の粘性により生じる摩擦力であり，ニュートン流体ではひずみ速度に比例する粘性応力である．以下では，ニュートン流体を取り扱う．

圧力 $P$ は 2.4 節で学んだように等方的であり，

$$\begin{bmatrix} -P & 0 & 0 \\ 0 & -P & 0 \\ 0 & 0 & -P \end{bmatrix} \tag{2.74}$$

と表現することができる．圧力が物質を圧縮する方向に作用するのに対して，応力では引張を正に定義しているため，圧力による応力には負の符号がついている．

2.2 節で学習したように，流体の運動はひずみ速度テンソル $\dot{\gamma}$（変形）と渦度テンソル $\boldsymbol{\omega}$（回転）に分離して表現される．

$$\dot{\gamma} = \begin{bmatrix} 2\dfrac{\partial u_1}{\partial x_1} & \dfrac{\partial u_2}{\partial x_1} + \dfrac{\partial u_1}{\partial x_2} & \dfrac{\partial u_3}{\partial x_1} + \dfrac{\partial u_1}{\partial x_2} \\[3mm] \dfrac{\partial u_1}{\partial x_2} + \dfrac{\partial u_2}{\partial x_1} & 2\dfrac{\partial u_2}{\partial x_2} & \dfrac{\partial u_3}{\partial x_2} + \dfrac{\partial u_2}{\partial x_3} \\[3mm] \dfrac{\partial u_1}{\partial x_3} + \dfrac{\partial u_3}{\partial x_1} & \dfrac{\partial u_2}{\partial x_3} + \dfrac{\partial u_3}{\partial x_2} & 2\dfrac{\partial u_3}{\partial x_3} \end{bmatrix} \tag{2.75}$$

50　第2章　運動量の輸送

$$
\boldsymbol{\omega} = \begin{bmatrix}
0 & \dfrac{\partial u_2}{\partial x_1} - \dfrac{\partial u_1}{\partial x_2} & \dfrac{\partial u_3}{\partial x_1} - \dfrac{\partial u_1}{\partial x_3} \\[2mm]
\dfrac{\partial u_1}{\partial x_2} - \dfrac{\partial u_2}{\partial x_1} & 0 & \dfrac{\partial u_3}{\partial x_2} - \dfrac{\partial u_2}{\partial x_3} \\[2mm]
\dfrac{\partial u_1}{\partial x_3} - \dfrac{\partial u_3}{\partial x_1} & \dfrac{\partial u_2}{\partial x_3} - \dfrac{\partial u_3}{\partial x_2} & 0
\end{bmatrix}
\tag{2.76}
$$

粘性応力はひずみ速度と関連づけられるが，粘性応力テンソルとひずみ速度テンソルはいずれも2階のテンソルであり，2階のテンソル同士を結びつける4階のテンソル $(\partial \tau_{ij}/\partial \dot{\varepsilon}_{kl})$ を用いて，

$$
\tau_{ij} = \sum_{k=1}^{3}\sum_{l=1}^{3} \frac{\partial \tau_{ij}}{\partial \dot{\varepsilon}_{kl}} \dot{\varepsilon}_{kl} = \frac{\partial \tau_{ij}}{\partial \dot{\varepsilon}_{kl}} \dot{\varepsilon}_{kl}
\tag{2.77}
$$

と表現できる．流体が等方的であるとすると，4階のテンソルの各成分は互いに独立ではなく，次のような単純な関係が導かれる．

$$
\tau = \begin{bmatrix}
\tau_{11} & \tau_{12} & \tau_{13} \\
\tau_{21} & \tau_{22} & \tau_{23} \\
\tau_{31} & \tau_{32} & \tau_{33}
\end{bmatrix} = \mu \dot{\boldsymbol{\gamma}} = \mu \begin{bmatrix}
2\dfrac{\partial u_1}{\partial x_1} & \dfrac{\partial u_2}{\partial x_1} + \dfrac{\partial u_1}{\partial x_2} & \dfrac{\partial u_3}{\partial x_1} + \dfrac{\partial u_1}{\partial x_3} \\[2mm]
\dfrac{\partial u_1}{\partial x_2} + \dfrac{\partial u_2}{\partial x_1} & 2\dfrac{\partial u_2}{\partial x_2} & \dfrac{\partial u_3}{\partial x_2} + \dfrac{\partial u_2}{\partial x_3} \\[2mm]
\dfrac{\partial u_1}{\partial x_3} + \dfrac{\partial u_3}{\partial x_1} & \dfrac{\partial u_2}{\partial x_3} + \dfrac{\partial u_3}{\partial x_2} & 2\dfrac{\partial u_3}{\partial x_3}
\end{bmatrix}
\tag{2.78}
$$

$$
\tau_{ij} = \mu \left( \frac{\partial u_j}{\partial x_i} + \frac{\partial u_i}{\partial x_j} \right)
\tag{2.79}
$$

$\tau$ の非対角項から，2.1節で学習した粘度の定義であるせん断応力とせん断ひずみ速度の関係である

$$
\tau_{12} = \mu \left( \frac{\partial u_2}{\partial x_1} + \frac{\partial u_1}{\partial x_2} \right)
\tag{2.80}
$$

が導かれる．一方，応力の対角成分では，

$$
\tau_{11} = 2\mu \left( \frac{\partial u_1}{\partial x_1} \right)
\tag{2.81}
$$

の関係が導かれ，単純なせん断ではない対角成分 $\tau_{ii}$ にも粘性が関わることを示している．ここでは，天下り的に式(2.79)を取り扱うが，この導出に興味が

### 2.7.3 運動方程式（ナビエ-ストークスの式）

流体に作用する応力を使って，検査体積（$dx_1\,dx_2\,dx_3$）の運動量保存則から非圧縮性流体の運動方程式を求める．まず，重力などの外力が作用していない場合について，**図 2-17** に示すように，$x_1$ 軸方向の運動量の保存を考える．微小時間 $\Delta t$ の間に $x_1$ 軸に垂直な面から流入，流出する運動量の収支は，

$$(\rho u_1)(\Delta x_2\,\Delta x_3 u_1\,\Delta t) - \left(\rho u_1 + \frac{\partial \rho u_1}{\partial x_1}\Delta x_1\right)\left[\Delta x_2\,\Delta x_3\left(u_1 + \frac{\partial u_1}{\partial x_1}\Delta x_1\right)\Delta t\right]$$

$$= -u_1 \frac{\partial \rho u_1}{\partial x_1}(\Delta x_1\,\Delta x_2\,\Delta x_3\,\Delta t) - \rho u_1 \frac{\partial u_1}{\partial x_1}(\Delta x_1\,\Delta x_2\,\Delta x_3\,\Delta t) \qquad (2.82\text{a})$$

となる．左辺の第1項が流入する運動量であり，第2項が流出する運動量である．同様に，微小時間 $\Delta t$ の間に $x_2$ 軸，$x_3$ 軸に垂直な面から流入，流出する運動量の収支は，それぞれ，

$$(\rho u_1)(\Delta x_3\,\Delta x_1 u_2\,\Delta t) - \left(\rho u_1 + \frac{\partial \rho u_1}{\partial x_2}\Delta x_2\right)\left[\Delta x_3\,\Delta x_1\left(u_2 + \frac{\partial u_2}{\partial x_2}\Delta x_2\right)\Delta t\right]$$

$$= -u_2 \frac{\partial \rho u_1}{\partial x_2}(\Delta x_1\,\Delta x_2\,\Delta x_3\,\Delta t) - \rho u_1 \frac{\partial u_2}{\partial x_2}(\Delta x_1\,\Delta x_2\,\Delta x_3\,\Delta t) \qquad (2.82\text{b})$$

$$(\rho u_1)(\Delta x_1\,\Delta x_2 u_3\,\Delta t) - \left(\rho u_1 + \frac{\partial \rho u_1}{\partial x_3}\Delta x_3\right)\left[\Delta x_1\,\Delta x_2\left(u_3 + \frac{\partial u_3}{\partial x_3}\Delta x_3\right)\Delta t\right]$$

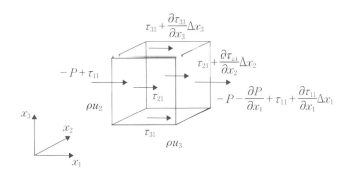

図 2-17　検査体積に作用する圧力と応力．

52　第 2 章　運動量の輸送

$$= - u_3 \frac{\partial \rho u_1}{\partial x_3} (\Delta x_1 \, \Delta x_2 \, \Delta x_3 \, \Delta t) - \rho u_1 \frac{\partial u_3}{\partial x_3} (\Delta x_1 \, \Delta x_2 \, \Delta x_3 \, \Delta t) \qquad (2.82\text{c})$$

となる.

　次に，微小時間 $\Delta t$ の間に $x_1$ 軸方向に圧力から受ける力積は，図 2-17 に示したように

$$P(\Delta x_2 \, \Delta x_3 \, \Delta t) - \left( P + \frac{\partial P}{\partial x_1} \Delta x_1 \right)(\Delta x_2 \, \Delta x_3 \, \Delta t)$$

$$= - \frac{\partial P}{\partial x_1} (\Delta x_1 \, \Delta x_2 \, \Delta x_3 \, \Delta t) \qquad (2.83)$$

である. $x_1$ 軸, $x_2$ 軸, $x_3$ 軸に垂直な面においてひずみ速度に比例した粘性応力から受ける $x_1$ 軸方向の力積はそれぞれ，

$$- \tau_{11}(\Delta x_2 \, \Delta x_3 \, \Delta t) + \left( \tau_{11} + \frac{\partial \tau_{11}}{\partial x_1} \Delta x_1 \right)(\Delta x_2 \, \Delta x_3 \, \Delta t)$$

$$= \frac{\partial \tau_{11}}{\partial x_1} (\Delta x_1 \, \Delta x_2 \, \Delta x_3 \, \Delta t) \qquad (2.84\text{a})$$

$$- \tau_{21}(\Delta x_3 \, \Delta x_1 \, \Delta t) + \left( \tau_{21} + \frac{\partial \tau_{21}}{\partial x_2} \Delta x_2 \right)(\Delta x_3 \, \Delta x_1 \, \Delta t)$$

$$= \frac{\partial \tau_{21}}{\partial x_2} (\Delta x_1 \, \Delta x_2 \, \Delta x_3 \, \Delta t) \qquad (2.84\text{b})$$

$$- \tau_{31}(\Delta x_1 \, \Delta x_2 \, \Delta t) + \left( \tau_{31} + \frac{\partial \tau_{31}}{\partial x_3} \Delta x_3 \right)(\Delta x_1 \, \Delta x_2 \, \Delta t)$$

$$= \frac{\partial \tau_{31}}{\partial x_3} (\Delta x_1 \, \Delta x_2 \, \Delta x_3 \, \Delta t) \qquad (2.84\text{c})$$

である. これらの力積から $x_1$ 軸方向の運動方程式を求めると，

$$\frac{\partial \rho u_1}{\partial t}$$

$$= - u_1 \frac{\partial \rho u_1}{\partial x_1} - u_2 \frac{\partial \rho u_1}{\partial x_2} - u_3 \frac{\partial \rho u_1}{\partial x_3} - \frac{\partial P}{\partial x_1} + \frac{\partial \tau_{11}}{\partial x_1} + \frac{\partial \tau_{21}}{\partial x_2} + \frac{\partial \tau_{31}}{\partial x_3} \qquad (2.85)$$

となる. さらに，この式を変形すると，

$$\frac{\partial \rho u_1}{\partial t} + u_1 \frac{\partial \rho u_1}{\partial x_1} + u_2 \frac{\partial \rho u_1}{\partial x_2} + u_3 \frac{\partial \rho u_1}{\partial x_3}$$

$$= -\frac{\partial P}{\partial x_1} + \frac{\partial \tau_{11}}{\partial x_1} + \frac{\partial \tau_{21}}{\partial x_2} + \frac{\partial \tau_{31}}{\partial x_3} \tag{2.86}$$

となり，左辺は実質微分になる．$x_1$ 軸，$x_2$ 軸，$x_3$ 軸方向の運動量保存について，総和記号を省略した表現で表すと，

$$\rho \frac{Du_i}{Dt} = \rho \left( \frac{\partial u_i}{\partial t} + u_j \frac{\partial u_i}{\partial x_j} \right) = -\frac{\partial P}{\partial x_i} + \frac{\partial \tau_{ji}}{\partial x_j} \tag{2.87a}$$

である．なお，非圧縮性流体を取り扱っているので密度 $\rho$ を一定としている．また，流体に体積力 $\boldsymbol{f} = (f_1, f_2, f_3)$ が作用している場合には，体積力の力が加わるので，

$$\rho \frac{Du_i}{Dt} = \rho \left( \frac{\partial u_i}{\partial t} + u_j \frac{\partial u_i}{\partial x_j} \right) = -\frac{\partial P}{\partial x_i} + \frac{\partial \tau_{ji}}{\partial x_j} + f_i \tag{2.87b}$$

となる．この運動量保存に関する方程式をベクトルで表現すると，

$$\rho \frac{D\boldsymbol{u}}{Dt} = \rho \left[ \frac{\partial \boldsymbol{u}}{\partial t} + (\boldsymbol{u} \cdot \nabla) \boldsymbol{u} \right] = -\nabla P + \nabla \cdot \tau + \boldsymbol{f} \tag{2.87c}$$

となる[8]．右辺の第 1 項は圧力勾配，第 2 項は粘性力，第 3 項は外力であり，**コーシーの運動方程式**(Cauchy's equation of motion)と呼ばれる．さらに，式 (2.78)，(2.79) を代入すると，**ナビエ-ストークスの式**(Navier-Stokes equations)と呼ばれる

$$\rho \frac{D\boldsymbol{u}}{Dt} = \rho \left[ \frac{\partial \boldsymbol{u}}{\partial t} + (\boldsymbol{u} \cdot \nabla) \boldsymbol{u} \right] = -\nabla P + \mu \nabla^2 \boldsymbol{u} + \rho \boldsymbol{f} \tag{2.88}$$

が導かれる．

図 2-16，図 2-17 の検査体積に注目し，オイラーの方法に基づいて各面で受ける力積，各面から流入・流出する運動量から運動量保存則を考えた．この各面から流入・流出する運動量は，ラグランジュの方法における運動する流体粒

---

[8]　$\nabla \cdot \tau$ は，ベクトルと行列の積であり，以下の通りになる．

$$\nabla \cdot \tau = \begin{pmatrix} \dfrac{\partial}{\partial x_1} & \dfrac{\partial}{\partial x_2} & \dfrac{\partial}{\partial x_3} \end{pmatrix} \begin{pmatrix} \tau_{11} & \tau_{12} & \tau_{13} \\ \tau_{21} & \tau_{22} & \tau_{23} \\ \tau_{31} & \tau_{32} & \tau_{33} \end{pmatrix}$$

子に沿った運動量と等価であり，オイラーの方法では陽に考える必要がある．一方，ラグランジュの方法を反映した実質微分を用いると，式(2.88)に示すように各面で受ける力積から同じ運動方程式が導かれ，ラグランジュの方法の利点がわかる．ただし，2.2節で学習したようにオイラーの方法とラグランジュの方法は運動を取り扱う考えであり，本書ではオイラー座標系に基づいて運動量保存を考えているので，同じ偏微分方程式であるナビエ-ストークスの式が導出される．

流体の運動は，2.7.1項で学習した連続の式と，ここで導出したナビエ-ストークスの式を連立して解析される．この二つの偏微分方程式を連立して流れの解析解が求められるのは例外的であり，多くの場合は数値解析により流体の流れである運動量の輸送を解析する．また，材料を製造するプロセス，流体が関わる反応，凝固・結晶成長機構に関わる研究では，運動量の輸送だけでなく，熱や物質の輸送とも連成した解析がなされる．

### 2.7.4 流動における圧力

静止した流体中では力学的つり合いを満たすように静圧とも呼ばれる圧力が生じるが，粘性によるせん断力は生じない．一方，運動している流体における圧力は静圧とは一致せずに，流れにおいてより複雑な役割を担っている．図2-18は，自由に圧力を設定できる容器中で流体を撹拌している模式図である．流体が非圧縮性であり，その粘度が圧力(静圧)に依存せず，流体と気体界面の粘性抵抗を無視すれば，容器の等方的な圧力は流体の運動に影響を与えない．

図 2-18　圧力容器中の流体の撹拌.

つまり，圧力は粘性力とは独立に作用する．したがって，流体に作用する応力 $\boldsymbol{\sigma}$ は圧力と粘性力の和で表され，

$$\begin{pmatrix} \sigma_{11} & \sigma_{12} & \sigma_{13} \\ \sigma_{21} & \sigma_{22} & \sigma_{23} \\ \sigma_{31} & \sigma_{32} & \sigma_{33} \end{pmatrix} = \begin{pmatrix} -P + \tau_{11} & \tau_{12} & \tau_{13} \\ \tau_{21} & -P + \tau_{22} & \tau_{23} \\ \tau_{31} & \tau_{32} & -P + \tau_{33} \end{pmatrix} \tag{2.89}$$

と表される．式(2.89)の対角項の和を取ると，

$$\sigma_{11} + \sigma_{22} + \sigma_{33} = -3P + \tau_{11} + \tau_{22} + \tau_{33}$$

$$= -3P + 2\mu \left( \frac{\partial u_1}{\partial x_1} + \frac{\partial u_2}{\partial x_2} + \frac{\partial u_3}{\partial x_3} \right) \tag{2.90}$$

となるが，右辺の第2項の（　）内は，式(2.73a)の連続の式から非圧縮性流体では常にゼロである．したがって，圧力 $P$ は

$$P = -\frac{\sigma_{11} + \sigma_{22} + \sigma_{33}}{3} \tag{2.91}$$

となり，流体に作用する応力 $\boldsymbol{\sigma}$ の対角項の平均になる．一方，ここまで学習した流体の運動を記述する連続の式とナビエ–ストークスの式では，圧力分布やその時間変化を陽的に求めることはできない．

　非圧縮性流体において圧力を決める機構は連続の式から理解できる．図2-17に示した検査体積 $(dx_1\,dx_2\,dx_3)$ において，仮に $\nabla\cdot\boldsymbol{u} < 0$ の流れが生じると検査体積内の質量が増加して非圧縮性流体の連続の式と矛盾する．つまり，検査体積へ流入する流体の量を低下させて連続の式を満足するようにこの検査体積の圧力 $P$ が増加する．逆に，$\nabla\cdot\boldsymbol{u} > 0$ の流れに対しては，連続の式を満足するように圧力 $P$ が減少する．このように，非圧縮性流体では連続の式が常に満足するように圧力 $P$ が瞬時に変化しながら流体が運動する．非圧縮性流体の流れに関する数値計算では連続の式を満足する圧力分布を求める必要があるが，決定論的に圧力を求める関係式はない．そのため，流れの計算では連続の式を満足する圧力分布を求める過程に計算資源の多くが費やされることがある．

## 2.7.5 ブシネスク近似

金属融液, 水溶液などほぼすべての流体は, 温度が高くなるにつれて密度が低下する. 図 2-19 のように, 流体の入っている容器の左面をわずかに加熱し, 右面をわずかに冷却すると時計回りの自然対流が生じる. 静圧を考えるため, 仮想的に流動がない状態での静圧分布を考えると密度変化による浮力が発生している. 平均の密度を $\rho_0$ とすると, 密度 $\rho$ の流体の生じる浮力は, 重力加速度ベクトルを $\boldsymbol{g}$ とすると,

$$(\rho - \rho_0)\boldsymbol{g} \tag{2.92}$$

となる. この浮力が**自然対流**(natural convection)の駆動力である. ただし, 前節で学習したように, この静圧は流動している流体の圧力と一致しない.

密度の変化に起因した自然対流を厳密に取り扱うと, 圧縮性流体の流れを考える必要がある. 圧縮性流体の連続の式とナビエ-ストークスの式は,

$$\frac{\partial \rho}{\partial t} + \nabla \cdot (\rho \boldsymbol{u}) = 0 \tag{2.93a}$$

$$\frac{D}{Dt}(\rho \boldsymbol{u}) = \left[ \frac{\partial}{\partial t}(\rho \boldsymbol{u}) + (\boldsymbol{u} \cdot \nabla)(\rho \boldsymbol{u}) \right] = -\nabla P + \mu \nabla^2 \boldsymbol{u} + \rho \boldsymbol{f} \tag{2.93b}$$

となる. 非圧縮性流体における連続の式とナビエ-ストークスの式に比べて複雑なため, 流れを解析するための計算量は非常に多くなる. 先に求めた密度変化による浮力は, 式(2.93b)では圧力項 $\nabla P$ に現れる.

水や金属融体の線膨張はおよそ $10^{-5}$ から $10^{-4}(\mathrm{K}^{-1})$ のオーダであり, 100 K の温度差であっても密度差はせいぜい数 % である. このような密度の変化は浮力として流れに影響するが, 連続の式や運動量保存則に及ぼす影響は相対

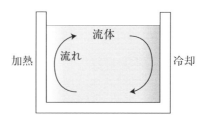

図 2-19 左面をわずかに加熱し, 右面をわずかに冷却したときの自然対流.

的にわずかである．そこで，密度の変化は浮力を外力として取り扱い，それ以外は密度を一定として取り扱うと，

$$\nabla \cdot \boldsymbol{u} = 0 \tag{2.94a}$$

$$\rho_0 \frac{D\boldsymbol{u}}{Dt} = \rho_0 \left[ \frac{\partial \boldsymbol{u}}{\partial t} + (\boldsymbol{u} \cdot \nabla) \boldsymbol{u} \right]$$
$$= -\nabla P + \mu \nabla^2 \boldsymbol{u} + \rho_0 \boldsymbol{f} + (\rho - \rho_0) \boldsymbol{g} \tag{2.94b}$$

となる．非圧縮性流体における連続の式とナビエ-ストークスの式に外力項として浮力を追加しており，流れの計算では密度の変化を陽に取り扱う必要はない．この近似は，**ブシネスク近似**(Boussinesq approximation)と呼ばれる．

## 2.7.6 積分を用いた連続の式と運動量保存則

2.1節から2.3節では，直交座標系における検査体積 ($dx_1 dx_2 dx_3$) について連続の式と運動方程式を偏微分方程式の形で導いた．検査体積の収支に基づいた連続の式と運動方程式に関する物理を理解できれば，運動量の輸送の基礎を理解したといえる．一方，任意の検査体積を用いた積分に基づいた連続の式と運動方程式の導出も可能である．導かれる結果は同じであるが，違う視点の導出を理解するのも運動量の輸送に関する理解を深める．ここでは任意の検査体積を用いた運動方程式を導出する．

図 2-20 は，任意形状の検査体積と流れを模式的に表しており，流体の流入と流出から質量保存則を考える．単位時間あたりの微小面積 $dA$ から流入・流出する流体の質量 $dm$ は，流出を正に定義すると，

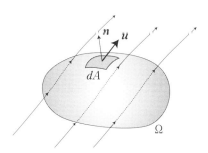

図 2-20　検査体積における流入・流出，質量保存則の模式図．

**58** 第2章 運動量の輸送

$$dm = \rho \boldsymbol{u} \cdot \boldsymbol{n} dA = \rho \boldsymbol{u} \cdot d\boldsymbol{A} \tag{2.95}$$

と表される．ここで，$\boldsymbol{n}$ は微小面積 $dA$ の法線方向の単位ベクトルであり，面積ベクトル $d\boldsymbol{A}$ は法線方向の単位ベクトル $\boldsymbol{n}$ に平行で，大きさが $dA$ に等しいベクトルである．単位時間あたりに検査体積全体から流出する流体の質量 $m$ は，

$$m = \int_A \rho \boldsymbol{u} \cdot \boldsymbol{n} dA = \int_A \rho \boldsymbol{u} \cdot d\boldsymbol{A} \tag{2.96}$$

となる．積分記号の下の $A$ は検査体積表面の面積分を意味する．ガウスの定理[*9]を用いて面積分を体積分に変換すると，

$$m = \int_V \nabla \cdot (\rho \boldsymbol{u}) dV \tag{2.97}$$

となる．なお，積分記号の下の $V$ は検査体積の体積分を示す．質量保存則を満たすためには，単位時間あたりに流出する流体の質量 $m$ と検査体積内の質量変化率(単位時間あたりの質量変化)の和がゼロにならなければならない．つまり，質量保存則から次式が導かれる．

$$\frac{\partial}{\partial t} \int_V \rho dV + \int_V \nabla \cdot (\rho \boldsymbol{u}) dV = 0 \tag{2.98a}$$

さらに，非圧縮性流体では密度は一定なので

$$\int_V \nabla \cdot \boldsymbol{u} \, dV = 0 \tag{2.98b}$$

となる．任意の検査体積に対して，式(2.98b)は成立するので被積分関数が常にゼロである必要があり，式(2.71)，(2.73)の連続の式が導出される．

次に，運動量保存を考える．検査体積における運動量の時間変化率は，

---

[*9] ガウスの定理は，面積分と体積分の変換であり，電磁気学などでも学習する関係である．面 $dA$ の法線ベクトル(単位ベクトル)が $\boldsymbol{n}$ であり，面ベクトルが $d\boldsymbol{A}$ である．ベクトル量あるいはテンソル量 $\boldsymbol{U}$ およびスカラー量 $U$ のガウスの定理は以下の通りである．

$$\int_V \mathrm{div} \, \boldsymbol{U} \, dV = \int_V \nabla \cdot \boldsymbol{U} dV = \int_A \boldsymbol{U} \cdot \boldsymbol{n} dA = \int_A \boldsymbol{U} \cdot d\boldsymbol{A}$$

$$\int_V \mathrm{grad} \, U \, dV = \int_V \nabla U dV = \int_A U \boldsymbol{n} dA = \int_A U d\boldsymbol{A}$$

$$\frac{\partial}{\partial t} \int_V \rho \boldsymbol{u} \, dV \tag{2.99}$$

である.単位時間あたりに微小面積 $dA$ から流入・流出する流体の運動量は,

$$-\int_A \rho \boldsymbol{u} u_n \, dA$$

$$= -\int_V \left\{ \frac{\partial}{\partial x_1} (\rho \boldsymbol{u} u_1) + \frac{\partial}{\partial x_2} (\rho \boldsymbol{u} u_2) + \frac{\partial}{\partial x_3} (\rho \boldsymbol{u} u_3) \right\} dV \tag{2.100a}$$

である.ここで,$u_n$ は速度 $\boldsymbol{u} = (u_1 \, u_2 \, u_3)$ の微小面積 $dA$ の法線方向の成分(スカラー量)であり,ガウスの定理を用いて体積分に変換している.左辺は直交座標系の取り方に依存しない表現であるが,右辺では陽に直交座標系の発散を取ったため,$x_1$ 軸,$x_2$ 軸,$x_3$ 軸が現れている.式(2.100a)の右辺の { } 内は,連続の式を用いると,

$$\frac{\partial}{\partial x_1} (\rho \boldsymbol{u} u_1) + \frac{\partial}{\partial x_2} (\rho \boldsymbol{u} u_2) + \frac{\partial}{\partial x_3} (\rho \boldsymbol{u} u_3)$$

$$= \rho \boldsymbol{u} \left\{ \frac{\partial u_1}{\partial x_1} + \frac{\partial u_2}{\partial x_2} + \frac{\partial u_3}{\partial x_3} \right\} + u_1 \frac{\partial}{\partial x_1} (\rho \boldsymbol{u}) + u_2 \frac{\partial}{\partial x_2} (\rho \boldsymbol{u}) + u_3 \frac{\partial}{\partial x_3} (\rho \boldsymbol{u})$$

$$= (\boldsymbol{u} \cdot \nabla)(\rho \boldsymbol{u}) \tag{2.100b}$$

に整理できる.次に,検査体積の表面に作用する力積は,

$$\int_A (-P\boldsymbol{n} + \boldsymbol{\tau} \cdot \boldsymbol{n}) \, dA = \int_V (-\nabla P + \nabla \cdot \boldsymbol{\tau}) \, dV \tag{2.101}$$

となる.また,外力である体積力 $\boldsymbol{f}$ が単位時間あたりに検査体積に作用する力積は,

$$\int_V \boldsymbol{f} \, dV \tag{2.102}$$

である.式(2.99)〜(2.102)をまとめると運動方程式になるが,連続の式と同様に任意の検査体積に対して成り立つので,被積分関数がゼロでなければならない.したがって,非圧縮性流体の運動方程式である(2.87c),(2.88)が導かれる.

### 2.7.7 円柱座標系,球座標系の基礎方程式

直交座標系における運動方程式であるナビエ-ストークスの式を速度成分で

**60　第2章　運動量の輸送**

表現すると,

$$\rho \frac{D\boldsymbol{u}}{Dt} = -\nabla P + \mu \nabla^2 \boldsymbol{u} + \boldsymbol{F} \tag{2.103}$$

であった.ここで,$\boldsymbol{F}$ は単位体積あたりの力である.

　第1章で円柱座標系,球座標系の演算子などを学んだが,それを用いると運動方程式を導くことができる.また,直交座標系と同様に検査体積における保存量の収支から偏微分方程式を導出することも可能である.円柱形状や球形状の対称性がある流れでは,円柱座標系や球座標系の運動方程式を用いたほうが解析の見通しが立ちやすい.円柱座標系 $(r, \theta, x_3)$ における非圧縮性流体に関する連続の式とナビエ-ストークスの式は,

$$\frac{1}{r}\frac{\partial}{\partial r}(ru_r) + \frac{1}{r}\frac{\partial u_\theta}{\partial \theta} + \frac{\partial u_3}{\partial x_3} = \frac{\partial u_r}{\partial r} + \frac{u_r}{r} + \frac{1}{r}\frac{\partial u_\theta}{\partial \theta} + \frac{\partial u_3}{\partial x_3} = 0 \tag{2.104a}$$

$$\rho\left(\frac{Du_r}{Dt} - \frac{u_\theta^2}{r}\right) = -\frac{\partial P}{\partial r} + \mu\left(\nabla^2 u_r - \frac{u_r}{r^2} - \frac{2}{r^2}\frac{\partial u_\theta}{\partial \theta}\right) + F_r \tag{2.104b}$$

$$\rho\left(\frac{Du_\theta}{Dt} + \frac{u_r u_\theta}{r}\right) = -\frac{1}{r}\frac{\partial P}{\partial \theta} + \mu\left(\nabla^2 u_\theta - \frac{u_\theta}{r^2} + \frac{2}{r^2}\frac{\partial u_r}{\partial \theta}\right) + F_\theta \tag{2.104c}$$

$$\rho\frac{Du_3}{Dt} = -\frac{\partial P}{\partial x_3} + \mu\nabla^2 u_3 + F_3 \tag{2.104d}$$

である.ただし,第1章で学んだように,スカラー量を $f$,ベクトル量を $\boldsymbol{f}$ とすると,ベクトル演算子,実質微分はそれぞれ以下の通りである.

$$\nabla f = \frac{\partial f}{\partial r}\boldsymbol{e}_r + \frac{1}{r}\frac{\partial f}{\partial \theta}\boldsymbol{e}_\theta + \frac{\partial f}{\partial x_3}\boldsymbol{e}_3 \tag{2.105a}$$

$$\nabla \cdot \boldsymbol{f} = \frac{1}{r}\frac{\partial}{\partial r}(rf_r) + \frac{1}{r}\frac{\partial f_\theta}{\partial \theta} + \frac{\partial f_3}{\partial x_3} \tag{2.105b}$$

$$\nabla^2 \boldsymbol{f} = \frac{1}{r}\frac{\partial}{\partial r}\left(r\frac{\partial \boldsymbol{f}}{\partial r}\right) + \frac{1}{r^2}\frac{\partial^2 \boldsymbol{f}}{\partial \theta^2} + \frac{\partial^2 \boldsymbol{f}}{\partial x_3^2}$$

$$= \frac{\partial^2 \boldsymbol{f}}{\partial r^2} + \frac{1}{r}\frac{\partial \boldsymbol{f}}{\partial r} + \frac{1}{r^2}\frac{\partial^2 \boldsymbol{f}}{\partial \theta^2} + \frac{\partial^2 \boldsymbol{f}}{\partial x_3^2} \tag{2.105c}$$

$$\frac{D}{Dt} = \frac{\partial}{\partial t} + \boldsymbol{u}\cdot\nabla = \frac{\partial}{\partial t} + u_r\frac{\partial}{\partial r} + \frac{u_\theta}{r}\frac{\partial}{\partial \theta} + u_3\frac{\partial}{\partial x_3} \tag{2.105d}$$

## 2.7 流体の運動方程式　61

なお，円柱座標系では，各軸の単位ベクトル $e_r, e_\theta, e_3$ は互いに直交しているが，$\partial e_r/\partial \theta = e_\theta, \partial e_\theta/\partial \theta = -e_r$（他の偏微分はゼロ）であるため，実質微分と粘性力の項にそれぞれ $D/Dt, \nabla^2$ 以外の項が加わっている．

球座標系 $(r, \theta, \phi)$ における非圧縮性流体に関する連続の式と運動方程式（ナビエ-ストークスの式）は，

$$\frac{1}{r^2}\frac{\partial}{\partial r}(r^2 u_r) + \frac{1}{r\sin\theta}\frac{\partial}{\partial \theta}(u_\theta \sin\theta) + \frac{1}{r\sin\theta}\frac{\partial u_\phi}{\partial \phi}$$

$$= \frac{\partial u_r}{\partial r} + \frac{2}{r}u_r + \frac{1}{r}\frac{\partial u_\theta}{\partial \theta} + \frac{u_\theta}{r\tan\theta} + \frac{1}{r\sin\theta}\frac{\partial u_\phi}{\partial \phi} = 0 \tag{2.106a}$$

$$\rho\left(\frac{Du_r}{Dt} - \frac{u_\theta^2 + u_\phi^2}{r}\right)$$

$$= -\frac{\partial P}{\partial r} + \mu\left(\nabla^2 u_r - \frac{2u_r}{r^2} - \frac{2}{r^2}\frac{\partial u_\theta}{\partial \theta} - \frac{2u_\theta \cot\theta}{r^2} - \frac{2}{r^2\sin\theta}\frac{\partial u_\phi}{\partial \phi}\right) + F_r \tag{2.106b}$$

$$\rho\left(\frac{Du_\theta}{Dt} + \frac{u_r u_\theta - u_\phi^2 \cot\theta}{r}\right)$$

$$= -\frac{1}{r}\frac{\partial P}{\partial \theta} + \mu\left(\nabla^2 u_\theta + \frac{2}{r^2}\frac{\partial u_r}{\partial \theta} - \frac{u_\theta}{r^2\sin^2\theta} - \frac{2\cos\theta}{r^2\sin^2\theta}\frac{\partial u_\phi}{\partial \phi}\right) + F_\theta \tag{2.106c}$$

$$\rho\left(\frac{Du_\phi}{Dt} + \frac{u_r u_\theta}{r} + \frac{u_\theta u_\phi \cot\theta}{r}\right)$$

$$= -\frac{1}{r\sin\theta}\frac{\partial P}{\partial \phi} + \mu\left(\nabla^2 u_\phi + \frac{2}{r^2\sin\theta}\frac{\partial u_r}{\partial \phi} + \frac{2\cos\theta}{r^2\sin^2\theta}\frac{\partial u_\theta}{\partial \phi} - \frac{u_\phi}{r^2\sin^2\theta}\right) + F_\phi \tag{2.106d}$$

である．ただし，実質微分およびラプラス演算子 $\Delta = \nabla^2$ は，それぞれ以下の通りである．

$$\nabla f = \frac{\partial f}{\partial r}e_r + \frac{1}{r}\frac{\partial f}{\partial \theta}e_\theta + \frac{1}{r\sin\theta}\frac{\partial f}{\partial \phi}e_\phi \tag{2.107a}$$

$$\nabla \cdot f = \frac{1}{r^2}\frac{\partial}{\partial r}(r^2 f_r) + \frac{1}{r\sin\theta}\frac{\partial}{\partial \theta}(\sin\theta f_\theta) + \frac{1}{r\sin\theta}\frac{\partial f_\phi}{\partial \phi} \tag{2.107b}$$

62　第2章　運動量の輸送

$$\nabla^2 \boldsymbol{f} = \frac{1}{r^2}\frac{\partial}{\partial r}\left(r^2\frac{\partial \boldsymbol{f}}{\partial r}\right) + \frac{1}{r^2 \sin\theta}\frac{\partial}{\partial \theta}\left(\sin\theta\frac{\partial \boldsymbol{f}}{\partial \theta}\right) + \frac{1}{r^2 \sin^2\theta}\frac{\partial^2 \boldsymbol{f}}{\partial \phi^2} \quad (2.107\mathrm{c})$$

$$\frac{D}{Dt} = \frac{\partial}{\partial t} + u_r\frac{\partial}{\partial r} + \frac{u_\theta}{r}\frac{\partial}{\partial \theta} + \frac{u_\phi}{r\sin\theta}\frac{\partial}{\partial \phi} \quad (2.107\mathrm{d})$$

なお，球座標系においても各軸の単位ベクトル $\boldsymbol{e}_r, \boldsymbol{e}_\theta, \boldsymbol{e}_\phi$ は互いに直交しているが，$\partial \boldsymbol{e}_r/\partial\theta = \boldsymbol{e}_\theta$, $\partial \boldsymbol{e}_\theta/\partial\theta = -\boldsymbol{e}_r$, $\partial \boldsymbol{e}_r/\partial\phi = \sin\theta\,\boldsymbol{e}_\phi$, $\partial \boldsymbol{e}_\theta/\partial\phi = \cos\theta\,\boldsymbol{e}_\phi$, $\partial \boldsymbol{e}_\phi/\partial\phi = -\sin\theta\,\boldsymbol{e}_r - \cos\theta\,\boldsymbol{e}_\theta$（他の偏微分はゼロ）であるため，円柱座標系と同様に実質微分と粘性力の項にそれぞれ $D/Dt$, $\nabla^2$ 以外の項が加わっている．円柱座標系と球座標系ともに直交曲面座標系における微分演算子の取り扱いを学べば，連続の式，ナビエ-ストークスの式などを導出できる．

これらの運動方程式は軸対称などの条件により，簡略化できることがある．例えば，円柱座標系において流れが $x_3$ 軸に対称であれば流速は角度に依存しないので，運動方程式は簡略化される．

### 2.7.8　流れの相似則

ナビエ-ストークスの式を無次元化することで，**流れの相似則**（Reynolds number similarity）を考える．無次元化では，位置 $x_i\,(i=1,2,3)$ を代表長さ $L$ で，速度 $u_i\,(i=1,2,3)$ を代表速度 $u_0$ で無次元化する．長さと速度を無次元化できれば，時間 $t$ を $L/u_0$ で，圧力 $P$ を $\rho U^2$ で規格化できる．ここで，

$$x_i^* = x_i/L, \qquad u_i^* = u_i/u_0,$$
$$t^* = t/(L/u_0), \quad P^* = P/(\rho U^2)$$

とすると，外力が作用していないナビエ-ストークスの式は，以下の通りである．

$$\frac{D\boldsymbol{u}^*}{Dt^*} = -\nabla^* P^* + \frac{1}{Re}\nabla^{*2}\boldsymbol{u}^* \quad (2.108\mathrm{a})$$

$$\frac{D}{Dt^*} = \frac{\partial}{\partial t^*} + u_i^*\frac{\partial}{\partial x_i^*} \quad (2.108\mathrm{b})$$

$$\nabla^* = \boldsymbol{e}_i\frac{\partial}{\partial x_i^*} \quad (2.108\mathrm{c})$$

ただし，式(2.108b)，(2.108c)では総和記号を省略している．

規格化されたナビエ-ストークスの式である式(2.108a)によると，幾何学的に相似な流れにおいて，レイノルズ数 $Re$ が同じであれば規格化した時空間では同じ流れになる．これを流れの相似則と呼ぶ．この関係を利用して流れの実験が行われることがある．例えば，大型の製造設備など研究対象のスケールが大きい場合，スケールを小さくしてレイノルズ数を揃えた実験を行うことで流れを再現できる．あるいは，実験が容易ではない高温融体の流れに相似則を適用して水の流れで再現することもできる．

## 2.8 粘性流れ

### 2.8.1 境界層

図2-21(a)(b)は，粘性流体の流れの中に物質を配置したときの物体周辺

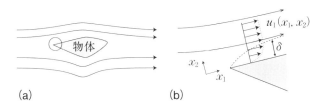

図2-21 （a）物体周りの流れ，（b）先端部（○の領域）における粘性が支配する境界層の模式図．

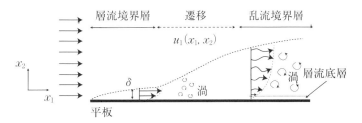

図2-22 一様な流れに配置された平板に発達する層流境界層，乱流境界層の模式図．

64　第 2 章　運動量の輸送

の流れの模式図と物体の先端の領域を拡大した図である．物体と接する流体の速度は 0 であり，物体から離れるにつれて**一様な流れ**(uniform flow)に近づく．この流れを二つの層に大別することができる．一つは物体近傍で粘性力が作用する速度勾配の大きい層であり，もう一つは物体の影響がない層である．

　粘性が影響する**境界層**(boundary layer)の厚さは，速度，運動量，エネルギーを基準にすると，それぞれ，

$$\delta_v = \frac{1}{\bar{u}} \int_0^\infty (\bar{u} - u_1)\, dx_2 \tag{2.109a}$$

$$\delta_m = \frac{1}{\bar{u}^2} \int_0^\infty u_1 (\bar{u} - u_1)\, dx_2 \tag{2.109b}$$

$$\delta_e = \frac{1}{\bar{u}^3} \int_0^\infty u_1 (\bar{u}^2 - u_1^2)\, dx_2 \tag{2.109c}$$

と定義することも可能である．ここで，$\bar{u}$ は物体近傍の境界層外における平均流速であり，主流と呼ぶ．また，流速分布の計算や測定が困難な場合には，流速を基準にした境界層厚さを主流の速度の 99% になる厚さで代用することも可能である．このように物体近傍の流れは主流の流れとは大きく違うので，第 3 章と第 4 章で学ぶ熱や物質の輸送にも大きく影響する．

　**図 2-22** は，一様な主流の中に厚さが無視できる平板を配置したときの平板に沿って形成される境界層の模式図である．平板と接触した位置では乱れが発達しておらず，層流に近い流れである．この領域は**層流境界層**(laminar boundary layer)と呼ばれる．下流側では，壁面付近の大きな速度勾配下で乱れが発達し始める．さらに下流では発達した乱流になり，この領域を**乱流境界層**(turbulent boundary layer)と呼ぶ．このような層流境界層から乱流境界層に遷移する過程で境界層厚さも増加し，物体の固体壁近傍の粘性による摩擦力の影響が流れとともに壁面から離れた領域まで広がることを示している．また，乱流境界層の領域でも平板のごく近傍には粘性が支配した層流に近い流れの領域があり，**層流底層**(laminar bottom layer)と呼ばれる．

　図 2-21 に示した座標系で境界層の流れを二次元の流れとし，$(\partial P/\partial x_2) = 0$ などの条件により連続の式とナビエ-ストークスの式を簡略化すると，

$$\frac{\partial u_1}{\partial x_1} + \frac{\partial u_2}{\partial x_2} = 0 \tag{2.110a}$$

$$\rho \left( \frac{\partial u_1}{\partial t} + u_1 \frac{\partial u_1}{\partial x_1} + u_2 \frac{\partial u_1}{\partial x_2} \right) = -\frac{\partial P}{\partial x_1} + \mu \frac{\partial^2 u_1}{\partial x_2^2} \tag{2.110b}$$

となる．これらの近似は境界層近似であり，上式は**境界層方程式**(boundary layer equation)と呼ばれる．

## 2.8.2 ストークスの式

　粘性流体中で粘性の影響が支配的な条件における粒子の運動について考える．室温における水の粘度は $1 \times 10^{-3}$ Pa·s，融点直上のアルミニウムの融液の粘度も $1 \times 10^{-3}$ Pa·s であり，多くの金属融液の粘度もほぼ同じオーダにある．粒子の運動が粘性あるいは慣性のいずれが支配的になるかの指標となる粒子レイノルズ数 $Re$ は次式のように定義される．

$$Re = \frac{\rho v D}{\mu} \tag{2.111}$$

ここで，$D$ は粒子径，$v$ は流体と粒子の相対的な速度，$\rho$ は流体の密度，$\mu$ は流体の粘度である．**粒子レイノルズ数**(particle Reynolds number)$Re$ が 1 より小さいとき，粘性が粒子周辺の流れを決定する．例えば，アルミニウムの融液中に粒径 10 μm，100 μm の粒子が存在する場合，$Re < 1$ の条件を満たす相対的な速度はそれぞれ 4 cm/s，4 mm/s のように大きな値になる．したがって，材料の製造プロセスで見られる微小な粒子が混合した水溶液や金属合金の融液では，粒子の運動が粘性に支配されているのは一般的であることがわかる．

　流速が遅い流れ，特に流速が 0 になる極限で実質微分を考えると，$\partial \boldsymbol{u}/\partial t$ に比べて移流項である $(\boldsymbol{u} \cdot \nabla)\boldsymbol{u}$ は無視できる．この条件では，ナビエ－ストークスの式は次式のように簡略化できる．

$$\rho \frac{D\boldsymbol{u}}{Dt} \sim \rho \frac{\partial \boldsymbol{u}}{\partial t} = -\nabla P + \mu \nabla^2 \boldsymbol{u} + \rho \boldsymbol{f} \tag{2.112}$$

このように，移流項 $(\boldsymbol{u} \cdot \nabla)\boldsymbol{u}$ を無視した近似は，**ストークス近似**(Stokes' approximation)と呼ばれる．さらに，定常流れでは，時間変化がないので，

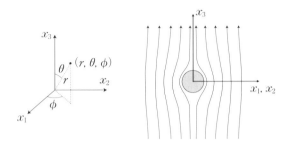

図 2-23　極座標と球周りの流れ(模式図).

$$\nabla P = \mu \nabla^2 \boldsymbol{u} + \rho \boldsymbol{f} \tag{2.113}$$

となり，圧力勾配と粘性による摩擦，外力がつり合う条件になる．

図 2-23 は，一様な流れの中に半径 $R$ の球粒子を配置したときの模式図である．一様な流れは，$x_3$ 軸の正方向に流速 $U$ で流れている．球座標系で考えると，流れは $x_3$ 軸周りに対称なので流速 $\boldsymbol{u}$ は $\phi$ に依存しない．粒子に外力が作用していないとすると，連続の式とストークス近似を用いたナビエ-ストークスの式は以下のようになる．

$$\frac{1}{r^2}\frac{\partial}{\partial r}(r^2 u_r) + \frac{1}{r \sin\theta}\frac{\partial}{\partial \theta}(u_\theta \sin\theta)$$

$$= \frac{\partial u_r}{\partial r} + \frac{2}{r} u_r + \frac{1}{r}\frac{\partial u_\theta}{\partial \theta} + \frac{u_\theta}{r \tan\theta} = 0 \tag{2.114a}$$

$$\frac{\partial P}{\partial r} = \mu\left(\nabla^2 u_r - \frac{2 u_r}{r^2} - \frac{2}{r^2}\frac{\partial u_\theta}{\partial \theta} - \frac{2 u_\theta \cot\theta}{r^2}\right) \tag{2.114b}$$

$$\frac{1}{r}\frac{\partial P}{\partial \theta} = \mu\left(\nabla^2 u_\theta + \frac{2}{r^2}\frac{\partial u_r}{\partial \theta} - \frac{u_\theta}{r^2 \sin^2\theta}\right) \tag{2.114c}$$

詳細はより専門的な書籍などに委ねて，ここでは天下り的に式(2.114a)を満たす流速として，

$$u_r = \frac{1}{r^2 \sin\theta}\frac{\partial \psi}{\partial \theta} \tag{2.115a}$$

$$u_\theta = \frac{1}{r \sin\theta}\frac{\partial \psi}{\partial r} \tag{2.115b}$$

のように定義する．さらに，次式の $\phi$ が式(2.114b)，(2.114c)のナビエ-ストークスの式の解になる．

$$\phi = U \sin^2 \theta \left( \frac{R^3}{4r} - \frac{3}{4} Rr + \frac{1}{2} r^2 \right) \tag{2.116}$$

式(2.114b)，(2.115)，(2.116)から圧力が

$$P = P_0 - \frac{3\mu RU \cot \theta}{2r^3} \left( \nabla^2 u_r - \frac{2u_r}{r^2} - \frac{2}{r^2} \frac{\partial u_\theta}{\partial \theta} - \frac{2u_\theta \cot \theta}{r^2} \right) \tag{2.117}$$

と求められる．ここで，$P_0$ は球から無限遠の位置の圧力であるが，いずれの値でも結果に影響しない．球表面に作用する圧力を積分すると，$x_3$ 軸方向に $2\pi\mu RU$ の力が作用している．また，粘性による摩擦力は，$\tau_{rr}$ と $\tau_{r\theta}$ のみが作用している．球表面にかかる摩擦力を積分すると，$x_3$ 軸方向に $4\pi\mu RU$ の力が作用していることがわかる．したがって，球に作用する抗力 $F_R$ は，

$$F_R = 6\pi\mu RU \tag{2.118}$$

となる．抗力は，流体の粘性，球径，流速に比例することがわかる．

　流体の流れから球に作用する抗力を利用して，ここでは質点系の力学で球の運動を考える．$x_3$ 軸方向について球の運動方程式は，球の密度を $\rho_S$，速度を $v$ とすると，

$$\rho_S \left( \frac{4}{3} \pi R^3 \right) \frac{dv}{dt} = -\rho_S \left( \frac{4}{3} \pi R^3 \right) g + \rho \left( \frac{4}{3} \pi R^3 \right) g - C_D A \frac{\rho v^2}{2} \tag{2.119}$$

となる．ここで，$A$ は流速ベクトルに垂直な面に物体を投影した面積であり，球では $A = \pi R^2$ である．$C_D$ は**抵抗係数**(resistance coefficient)と呼ばれ，レイノルズ数の関数である．右辺の第3項は式(2.118)の抗力 $F_R$ なので，抵抗係数 $C_D$ は，

$$C_D = \frac{24\mu}{\rho v (2R)} = \frac{24}{Re} \tag{2.120}$$

である．また，球に作用する浮力と抗力がつり合った定常状態の速度である終端速度 $v_t$ は，

$$v_t = \frac{|\rho_S - \rho| g D^2}{18\mu} = \frac{|\rho_S - \rho| g (2R)^2}{18\mu} \tag{2.121}$$

である．この関係式は**ストークスの式**(Stokes equation)と呼ばれる．

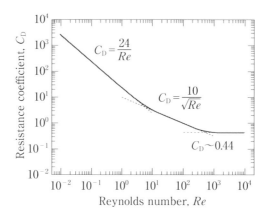

**図 2-24** 抵抗係数 $C_D$ とレイノルズ数 $Re$ の関係(模式図).

以上の議論は，粘性が支配的な流れであり，およそ $Re \leq 1$ であれば成り立つ．一方，$Re > 1$ の条件でも流れの影響を反映した抵抗係数 $C_D$ を用いれば運動の解析が可能である．球については，以下のような関係が知られている．

$$C_D = \frac{24}{Re} \qquad Re < 2 \qquad (2.122a)$$

$$C_D = \frac{10}{\sqrt{Re}} \qquad 2 < Re < 500 \qquad (2.122b)$$

$$C_D \sim 0.44 \qquad 500 < Re \qquad (2.122c)$$

図 2-24 は，抵抗係数 $C_D$ とレイノルズ数 $Re$ の関係(模式図)である．レイノルズ数 $Re$ の増加とともに慣性の寄与が大きくなって抵抗係数 $C_D$ は低下する．ほぼ慣性が支配するレイノルズ数 $Re$ が 1000 を越える領域では抵抗係数 $C_D$ はほぼ一定になる．球以外の形状についても投影面積，抵抗係数が知られており，このようなデータを利用することで，いろいろな形状の運動も解析可能である．

## 演習 2

**【1】** 静止した流体には，せん断力は作用せず，等方的な圧力が作用している．次の問いに答えよ．
(1) 実線の下線部で述べられているせん断力が作用していないことを示せ．
(2) 二重線の下線部で述べられているように，圧力が等方的であることを示せ．

**【2】** 流体の速度ベクトルを $u$，時間を $t$ とすると，流体の加速度 $a$ は，次式の右辺とは一致しない．

$$a \neq \frac{\partial u}{\partial t} \tag{2e.1}$$

流体の加速度は次式で示される．

$$a = \frac{\partial u}{\partial t} + (u \cdot \nabla) u \tag{2e.2}$$

(1) 式(2e.1)が流体の加速度ではない理由を述べよ．
(2) 式(2e.2)が流体の加速度であることを示せ．

**【3】** 図 2e-1 を用いて，次の問いに答えよ．
流体の速度ベクトルを $u = (u_1, u_2, u_3)$ とする．下記のテンソル $\dot{\varepsilon}$ は，流体の実質的な変形を表すひずみ速度テンソル $\dot{\gamma}$ と回転を表す渦度テンソル $\omega$ に分離できる．

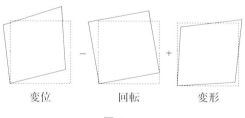

変位　　回転　　変形

図 2e-1

$$\begin{bmatrix} \dot{\varepsilon}_{11} & \dot{\varepsilon}_{12} & \dot{\varepsilon}_{13} \\ \dot{\varepsilon}_{21} & \dot{\varepsilon}_{22} & \dot{\varepsilon}_{23} \\ \dot{\varepsilon}_{31} & \dot{\varepsilon}_{32} & \dot{\varepsilon}_{33} \end{bmatrix} = \begin{bmatrix} \dfrac{\partial u_1}{\partial x_1} & \dfrac{\partial u_2}{\partial x_1} & \dfrac{\partial u_3}{\partial x_1} \\ \dfrac{\partial u_1}{\partial x_2} & \dfrac{\partial u_2}{\partial x_2} & \dfrac{\partial u_3}{\partial x_2} \\ \dfrac{\partial u_1}{\partial x_3} & \dfrac{\partial u_2}{\partial x_3} & \dfrac{\partial u_3}{\partial x_3} \end{bmatrix} \qquad (2\text{e}.3)$$

（1）ひずみ速度テンソル $\dot{\gamma}$ と渦度テンソル $\boldsymbol{\omega}$ に分離せよ．
（2）渦度テンソル $\boldsymbol{\omega}$ が流体の回転を示すことを説明せよ．適宜，図を用いて説明せよ．
（3）ひずみ速度テンソル $\dot{\gamma}$ が流体の変形を表すことを説明せよ．適宜，図を用いて説明せよ．

【4】 浮力は，重力方向と逆向きに物体が排除した流体の重さに等しい大きさの力であり，アルキメデスの原理とも呼ばれる．図 2e-2 のように，物体表面である $dA'$ と $dA''$ にかかる圧力を考えて，アルキメデスの原理を導け．

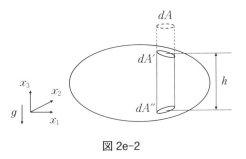

図 2e-2

【5】 図 2e-3 は，重力などの外力がない条件で静止した円柱の周りの流れを示している．粘度が 0 の完全流体が，円柱から十分に離れた位置では圧力 $P_0$ で一様に流速 $U$ ($U>0$) で流れている．円柱周りの流速 $U(\theta)$ は，

$$U(\theta) = 2U|\sin\theta| \qquad (2\text{e}.4)$$

となる[*10]．ただし，$\theta$ は円柱の中心から流れの上流に向かう向きを 0 として，時計回りの角度である．

---

[*10] 本書では取り扱っていないポテンシャル流から導出される．

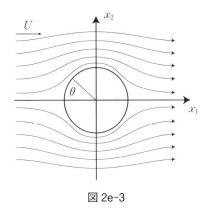

図 2e-3

(1) $\theta = 0$ の位置における円柱表面の圧力を求めよ．
(2) $\theta = \pi/2$ の位置における円柱表面の圧力を求めよ．
(3) 円柱周りの圧力を積分して円柱にかかる力を求め，力が 0 になることを示せ．
(4) 円柱に作用する力が 0 になることは，日常の感覚とは違う．日常では，円柱に力が作用する原因を説明せよ．

【6】 図 2e-4 は，飛行機の翼を模擬した物体周辺の空気の流れを模式的に示している．上面・下面から十分に離れた領域は一様に左から右に流れている．凸形状の上部は平面である下面に比べて流路が小さくなっていると考えることができ，上面と下面で同じ量の空気が流れるためには，上面付近の流速が高くなる．ここでは簡単のため，上面の流速が下面の流速の 2 倍とし，ベルヌーイの式が成立するとする．航空機が浮上するために必要な速度（翼を模擬した物体に対する空気の流速）を概算せよ．なお，翼面積を 122 m$^2$，

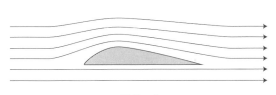

図 2e-4

72　第2章　運動量の輸送

航空機の重量を 77,000 kg，空気の密度を 1.3 kg/m$^3$ とする．なお，翼面積と総重量は，およそ小型のジェット旅客機に相当し，その離陸速度はおよそ時速 300 km である．

【7】　水を入れたバケツの底には砂が沈殿している．水を撹拌すると沈んでいた砂が浮き上がって水とともに流れる．
(1) 砂が浮き上がる理由を説明せよ．
(2) 砂の粒径が小さいほど浮き上がる流速は小さくなる．その理由を説明せよ．

【8】　水平方向に設置された直径 ($2R$) の円筒管内の定常な層流について次の問いに答えよ．流動方向を $z$ 軸，半径を $r$ 軸，流速を $u_z$，圧力を $P$，流体の粘度を $\mu$ として円柱座標系を用いると，流体の力のつり合いから常微分方程式が導かれる．

$$\frac{du_z}{dr} = \frac{r}{2\mu}\frac{dP}{dz} \tag{2e.5}$$

管内の流速は次式となる．

$$u_z(r) = -\frac{R^2}{4\mu}\left(\frac{dP}{dx}\right)\left[1-\left(\frac{r}{R}\right)^2\right] = u_0\left[1-\left(\frac{r}{R}\right)^2\right] \tag{2e.6}$$

(1) 式 (2e.5) を導出せよ．また，常微分方程式である根拠を示せ．
(2) 式 (2e.6) を導出せよ．
(3) 圧力勾配が 0.001 MPa/m のとき，内径 1 mm の円管を流れる流体の平均速度を求めよ．

【9】　図 2e-5 は，鉛直方向に設置された半径 $r$，長さ $L$ の細管の両端に細管よりも十分に半径が大きい管が接続されている．容器には密度 $\rho$ の流体が満たされているが，栓により右側の液面が左側の液面より高さ $H$ だけ高い状態で保持されている．この状態で開栓すると流体は右側から左側に移動し，やがて左右の液面が等しくなる．この現象を利用して，流体の粘度を測定する手法について説明せよ．さらに，提案した測定手法の長所，短所について考えて，簡単に説明せよ．

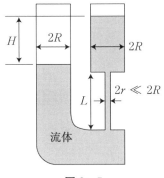

図 2e-5

**【10】** 散水機器は，ポンプ，ホース，ホース先端に取り付けるノズルから構成されている．ポンプの最大水圧は固定されている条件で，できる限り水を遠くまで飛ばしたい．つまり，ノズルから放出される水の初速を最大にしたい．ホース，ノズルに求められる条件を説明せよ．

**【11】** 質量保存則を考えると，検査体積 $(dx_1\,dx_2\,dx_3)$ における非圧縮性流体の連続の式は，

$$\frac{\partial u_1}{\partial x_1}+\frac{\partial u_2}{\partial x_2}+\frac{\partial u_3}{\partial x_3}=0 \tag{2e.7}$$

である．$x_1$ 軸方向の運動方程式は，

$$\frac{\partial \rho u_1}{\partial t}+u_1\frac{\partial \rho u_1}{\partial x_1}+u_2\frac{\partial \rho u_1}{\partial x_2}+u_3\frac{\partial \rho u_1}{\partial x_3}$$
$$=-\frac{\partial P}{\partial x_1}+\frac{\partial \tau_{11}}{\partial x_1}+\frac{\partial \tau_{21}}{\partial x_2}+\frac{\partial \tau_{31}}{\partial x_3} \tag{2e.8}$$

である．なお，記号は本文に従う．
（1）式(2e.7)を導出せよ．
（2）式(2e.8)を導出せよ．

**【12】** 図 2e-6 のように，$x_2$ 軸に垂直な 2 枚の無限平板間での $x_1$ 軸の正方向への定常流れについて，以下の問いに答えよ．ただし，面間隔を $D$，流体の粘度を $\mu$，流体の密度を $\rho$，圧力を $P$ とする．
（1）式(2e.9)のナビエ-ストークスの式から，設問の対称性を考えて簡略化した定常流れの式を導け．

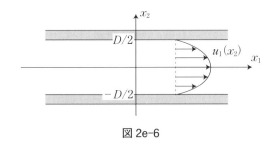

図 2e-6

$$\rho \frac{D\boldsymbol{u}}{Dt} = \rho \left[ \frac{\partial \boldsymbol{u}}{\partial t} + (\boldsymbol{u} \cdot \nabla) \boldsymbol{u} \right] = -\nabla P + \mu \nabla^2 \boldsymbol{u} \tag{2e.9}$$

（2）流速 $u_1$ を，位置 $x_2$ と圧力勾配 $dP/dx_1$ の関数として示せ．

【13】 多孔体媒質中の流れについて，次の問いに答えよ．ただし，流体の密度と粘度は，それぞれ $2.4 \times 10^3 \,\mathrm{kg/m^3}$，$1.0 \times 10^{-3} \,\mathrm{Pa \cdot s}$ である．
 （1）圧力勾配が $0.005\,\mathrm{MPa/m}$（長さ 1 m の流路で約 0.05 気圧の差）のとき，内径 0.5 mm の円管を流れる流体の平均速度を求めよ．
 （2）金属合金の凝固時に形成する樹枝状晶とも呼ばれるデンドライトがネットワークを形成すると，固相と液相が共存した状態は多孔質媒体と見なすことができる．気孔率が 0.5，透過率が $10^{-10}\,\mathrm{m^2}$ の固相と液相が共存した領域に，$0.005\,\mathrm{MPa/m}$ の圧力勾配が生じたときの液相の流速を評価せよ．
 （3）多孔質媒体では，流体と固体が接触する面積が大きく，大きな粘性抵抗が生じる．その結果，単純な円管に比べて流量が少なくなることを確認せよ．

【14】 ストークスの式に関する次の問いに答えよ．
 （1）式(2.118)に示された抗力 $F_\mathrm{R} = 6\pi\mu RU$ を求めよ．
 （2）式(2.121)に示された終端速度を求めよ．
 （3）金属合金の融液中にある酸化物（直径 10 μm）の終端速度を求めよ．粘度や密度を調べて解答すること．

# 第 3 章

# 熱の輸送

## 3.1 熱輸送の基礎

### 3.1.1 熱力学に基づいた温度

　日常生活でも「熱い」や「冷たい」は頻繁に使われる概念であり，熱が温度の高い所から低い所に自発的に移動するのも常識といえる．一方，熱力学的にはそもそも熱が高温側から低温側に流れるように温度を定義している．ここでは，熱の輸送を学習するまえに改めて**絶対温度**(absolute temperature)について考える．熱力学や統計力学をすでに学習していれば復習になるが，熱力学や統計力学と輸送現象が密接に関連していることを再認識できるはずである．

　図 3-1 は，熱的に接続された系 A と系 B の概念図である．系 A と系 B は，外部と熱や物質のやりとりはなく，仕事をすることもされることもないが，熱のやりとりは系 A と系 B の間でのみ可能である．系 A と系 B の熱的な平衡条件から温度の定義を考える．系 A，系 B の内部エネルギーをそれぞれ $E_A, E_B$ とすると，その和である系全体の**内部エネルギー**(internal energy)$E$ は，

$$E = E_A + E_B \tag{3.1}$$

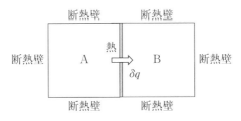

図 3-1　外部との熱・物質のやりとりがない系 A と系 B が熱的に接続された系.

**76** 第3章 熱の輸送

である. 系Aから系Bへわずかな熱 $\delta q$ が移動したとき, **熱力学の第1法則**
(first law of thermodynamics)により, 全体の内部エネルギー $E$ は不変である
が, 系全体のエントロピー $S$ は変化する. この系全体のエントロピー変化 $dS$
は,

$$dS = \frac{dS_A}{dE_A}(-\delta q) + \frac{dS_B}{dE_B}(\delta q) = \left[-\frac{dS_A}{dE_A} + \frac{dS_B}{dE_B}\right]\delta q \tag{3.2}$$

となる. 平衡条件は $dS/\delta q = 0$ かつ $d^2S/\delta q^2 > 0$ であり, ここでは必要条件と
なる一つ目の条件のみを考える. 系全体が平衡状態である条件 $dS/\delta q = 0$ を満
たせば, 次式が成立する.

$$\frac{dS_A}{dE_A} = \frac{dS_B}{dE_B} \tag{3.3}$$

$dS/dE$ は, 内部エネルギーに対するエントロピー変化であり, 熱的に平衡し
ている系では, それぞれの系の $dS/dE$ が等しくなる. そこで, 絶対温度 $T$ を

$$\frac{1}{T} \equiv \frac{dS}{dE} \tag{3.4}$$

と定義すれば, 系Aと系Bの絶対温度が等しいことが熱的な平衡条件となる.
また, 右辺の分子であるエントロピー $S$ と分母である内部エネルギー $E$ は示
量変数であるが, $dS/dE$ は系の量に依存しないので, 絶対温度 $T$ は示強変数
である[*1]. 熱的な平衡はそれぞれの物質の絶対温度が等しいことになるが,
物質の様態(気体, 液体, 固体)や元素・組成によらない. 熱的な平衡として定
義される絶対温度が, 体感でも相対値は認識できるように, 比較的容易に測定
できる示強変数であることは驚きである.

　外部から孤立している系Aと系Bが平衡状態ではない場合, **熱力学の第2
法則**(second law of thermodynamics)に従って, 系全体の**エントロピー**(entro-
py)が増加する条件 $dS > 0$ を満たすように, 系Aと系Bの間で熱のやりとり
が起こる. 式(3.2)に示すように, 系Aの温度が系Bの温度よりも高いときに

---

[*1] 絶対温度について複数の定義・意味づけが可能であり, この導出はあくまでも
　一例である.

は $\delta q > 0$，つまり系 A から系 B に熱が移動する．熱が高温側から低温側に移動するのは当然と受け入れているかもしれないが，それを担保しているのは温度の定義と熱力学の第 2 法則である．

式(3.4)によると，絶対温度 $T$ は単位量のエントロピーを増加させるのに必要な内部エネルギーの増加，つまり，系に与える熱量の大きさを示しており，系が外部に仕事をしていないので，エントロピーの定義である

$$dS = \frac{\delta q}{T} \tag{3.5}$$

も導出される．

### 3.1.2 統計力学に基づいた温度

図 3-1 に示した系について，統計力学に立ち戻って絶対温度を考える．系 A と系 B の**状態数**(number of states) $\Omega_{\mathrm{A}}(E_{\mathrm{A}})$, $\Omega_{\mathrm{B}}(E_{\mathrm{B}})$ は，それぞれの内部エネルギー $E_{\mathrm{A}}, E_{\mathrm{B}}$ により一意に決まるはずである．式(3.1)に示されるように，系全体の内部エネルギーは保存されるので，系 A と系 B の間で熱のやりとりができる系における状態数 $\Omega$ は，

$$\Omega = \sum_{E_{\mathrm{A}}} \Omega_{\mathrm{A}}(E_{\mathrm{A}}) \cdot \Omega_{\mathrm{B}}(E - E_{\mathrm{A}}) \tag{3.6}$$

と表せる．系 A と系 B が熱的に平衡状態であれば状態数 $\Omega$ が極値になるので，少なくとも次の条件を満たす．

$$d\Omega = \sum_{E_{\mathrm{A}}} \left\{ \left( \frac{\partial \Omega_{\mathrm{A}}(E_{\mathrm{A}})}{\partial E_{\mathrm{A}}} \right)_{V_{\mathrm{A}}} \cdot \Omega_{\mathrm{B}}(E - E_{\mathrm{A}}) + \Omega_{\mathrm{A}}(E_{\mathrm{A}}) \cdot \left( \frac{\partial \Omega_{\mathrm{B}}(E - E_{\mathrm{A}})}{\partial E_{\mathrm{A}}} \right)_{V_{\mathrm{B}}} \right\} dE_{\mathrm{A}}$$

$$= \sum_{E_{\mathrm{A}}} \left\{ \left( \frac{\partial \Omega_{\mathrm{A}}(E_{\mathrm{A}})}{\partial E_{\mathrm{A}}} \right)_{V_{\mathrm{A}}} \cdot \Omega_{\mathrm{B}}(E_{\mathrm{B}}) - \Omega_{\mathrm{A}}(E_{\mathrm{A}}) \cdot \left( \frac{\partial \Omega_{\mathrm{B}}(E_{\mathrm{B}})}{\partial E_{\mathrm{B}}} \right)_{V_{\mathrm{B}}} \right\} dE_{\mathrm{A}} = 0$$

$$\tag{3.7a}$$

$$\left( \frac{\partial \Omega_{\mathrm{A}}(E_{\mathrm{A}})}{\partial E_{\mathrm{A}}} \right)_{V_{\mathrm{A}}} \cdot \Omega_{\mathrm{B}}(E_{\mathrm{B}}) = \Omega_{\mathrm{A}}(E_{\mathrm{A}}) \cdot \left( \frac{\partial \Omega_{\mathrm{B}}(E_{\mathrm{B}})}{\partial E_{\mathrm{B}}} \right)_{V_{\mathrm{B}}} \tag{3.7b}$$

この式(3.7b)を整理すると，

$$\frac{1}{\Omega_{\mathrm{A}}(E_{\mathrm{A}})} \left( \frac{\partial \Omega_{\mathrm{A}}(E_{\mathrm{A}})}{\partial E_{\mathrm{A}}} \right)_{V_{\mathrm{A}}} = \frac{1}{\Omega_{\mathrm{B}}(E_{\mathrm{B}})} \left( \frac{\partial \Omega_{\mathrm{B}}(E_{\mathrm{B}})}{\partial E_{\mathrm{B}}} \right)_{V_{\mathrm{B}}} \tag{3.8}$$

78    第3章　熱の輸送

となり，平衡している系の間では $(1/\Omega)(\partial\Omega/\partial E)$ が互いに等しい．式(3.4)と比較して，絶対温度を次式のように定義する．

$$\frac{1}{k_{\mathrm{B}}T} \equiv \frac{1}{\Omega}\left(\frac{\partial\Omega}{\partial E}\right)_{V_{\mathrm{A}},N_{\mathrm{A}}} = \left(\frac{\partial\ln\Omega}{\partial E}\right)_{V_{\mathrm{A}},N_{\mathrm{A}}} \tag{3.9}$$

ここで，$k_{\mathrm{B}}$ は**ボルツマン定数**(Boltzmann constant)であり，外部と物質のやりとりがなく，外部へ仕事をしないことを明示するため，偏微分項の添え字にアボガドロ数 $N_{\mathrm{A}}$ と体積 $V_{\mathrm{A}}$ を加えている．さらに，式(3.4)と式(3.9)を比較すると，

$$S = k_{\mathrm{B}}\ln\Omega \tag{3.10}$$

となり，エントロピー $S$ と状態数 $\Omega$ の関係も導かれる．逆に初めに式(3.10)を定義すれば，ここでの議論は，熱力学に基づいた絶対温度の定義とまったく同じである．

### 3.1.3　フーリエの法則

　前節では，必ず絶対温度の高い領域から低い領域へ熱エネルギーが輸送されることが示された．ここでは，熱の輸送について学習する．もっとも単純に考えると，熱の輸送量が熱を輸送する駆動力である示強変数の勾配に比例するとする．**フーリエの法則**(Fourier's law)は，示強変数である絶対温度 $T$ を基準に取り，**熱流束**(heat flux)ベクトル $\boldsymbol{J}$(単位時間，単位面積あたりの通過する熱量，SI 単位系では，[J/(m²·s)] もしくは [W/m²])が温度勾配に比例するとしており，日常の直感と一致する．熱流束ベクトル $\boldsymbol{J}$ と温度勾配 $\nabla T$ は，次式の関係になる．

$$\boldsymbol{J} = -\lambda(\nabla T) \tag{3.11}$$

ここで，$\lambda$ は**熱伝導率**(thermal conductivity)のテンソルであり，2 階のテンソルである．熱伝導率に異方性がなければスカラー量である熱伝導率(熱伝導度)$\lambda$ [W/(m·K)] を用いて，$x_i$ 軸方向の熱流束 $J_i$ [W/m²] は，

$$J_i = -\lambda\frac{\partial T}{\partial x_i} \tag{3.12}$$

と表される.

　本質的には，すべての物理条件で熱流束が温度勾配に比例するとはいえない
が，材料科学や材料工学で取り扱う現象の多くでは，熱流束はフーリエの法則
に従うとしても問題が生じない．熱流束が温度勾配の高次項にも依存すると仮
定すれば，次式で示す表現も可能である．

$$J_i = -\lambda^{(1)}\frac{\partial T}{\partial x_i} - \lambda^{(3)}\left(\frac{\partial T}{\partial x_i}\right)^3 - \lambda^{(5)}\left(\frac{\partial T}{\partial x_i}\right)^5 + \cdots \tag{3.13}$$

この表式でも，熱が高温側から低温側へ輸送される熱力学の第2法則と矛盾し
ない．実際に，式(3.13)に従うかどうかは別として，非平衡度の高い条件では
熱流束が温度勾配に比例しないこともあり得る．例えば，格子振動の周期と同
程度かあるいはそれ以下の時間スケールで，高いエネルギー密度の熱エネル
ギーが物質表面に供給されると，格子振動を通じて熱エネルギーが拡散してい
く熱伝導の描像とは違っており，原子スケールでの熱の輸送がフーリエの法則
に従うとは限らない．一方，本書で取り扱う相変態の過程や材料を製造するプ
ロセスの多くは時間と空間スケールが十分に大きく，平衡状態からの逸脱は相
対的にわずかであり，フーリエの法則が妥当な関係式である．

### 3.1.4 熱伝導

　**熱伝導**(heat conduction)とは，物質の**格子振動**(lattice vibration)・**フォノ
ン**(phonon)や**伝導電子**(conduction electron)による熱エネルギーの輸送であ
り，静止した物質でも起こる．熱の輸送を担う能力が，式(3.12)で定義された
熱伝導率で定量化される．気体や液体の熱伝導率は，物質，圧力，温度が決ま
れば一意に決まる物性値である．一方，固体の熱伝導率は物質(組成)や温度だ
けでなく，結晶粒径など材料組織にも依存する．結晶の並進対称性が崩れる粒
界では，熱を輸送するフォノンや電子が散乱され，熱輸送に対する抵抗が生じ
るためであり，粒径が小さくなるほど熱伝導率が低下する．また，純金属に合
金元素を添加した固溶体では，格子点に質量の違う原子がランダムに配置され
るため，フォノンや伝導電子の散乱頻度が増加して，熱伝導率が相対的に低下
する．熱伝導を調整するために材料組織が制御される場合もあり，固体中の熱
流束などを見積もる際には材料組織にも注意を払う必要がある．

80　第3章　熱の輸送

**表 3-1**　種々の物質の熱伝導率.

**気体, 液体の熱伝導率**　単位 [W/(m·K)]

| H$_2$ | He | Air | CO$_2$ | H$_2$O | C$_2$H$_5$OH | オリーブ油 |
|---|---|---|---|---|---|---|
| 0.18 | 0.15 | 0.026 | 0.017 | 0.61 | 0.17 | 0.17 |

**固体の熱伝導率**　単位 [W/(m·K)]

| Ag | Cu | Al | Fe | Ti | 炭素鋼 | ステンレス | サファイヤ | 石英ガラス | ダイヤモンド |
|---|---|---|---|---|---|---|---|---|---|
| 430 | 400 | 240 | 80 | 22 | 40 | 16 | 46 | 1.4 | 2000 |

サファイヤ：Al$_2$O$_3$ 単結晶

　**表 3-1** は, 室温, 1 気圧における気体, 液体, 固体の熱伝導率である. 気体では, 原子・分子の平均運動エネルギーが絶対温度に比例し, 温度勾配がある面では, 低温側よりも高温側からより多くの原子・分子が入ってくることで熱が輸送される. 密度の低い気体では, 熱の輸送を担う原子・分子の数密度は液体や固体に比べて著しく低いが, 原子・分子の平均自由行程が長く, 気体の熱伝導率は液体とほぼ同じオーダの場合もある. 一方, 原子配列に並進対称性がある固体では, 格子振動によるエネルギー輸送も高く, さらに金属では電子も熱の輸送を担うので熱伝導率は気体や液体に比べて数オーダくらい大きい. ただし, 伝導電子の有無など, 固体の熱伝導率には 2 桁程度のばらつきがある.

### 3.1.5　ヴィーデマン-フランツ則

　固体では, 格子振動・フォノンと伝導電子が熱エネルギーを輸送するが, 電気伝導度の高い金属では, 伝導電子の熱の輸送への寄与が相対的に大きくなる. 電気伝導率が高いほど, 伝導電子の**平均自由行程**(mean free path)が長くなり, 熱的に平衡になっている電子は, 電荷の輸送と同時に熱エネルギーも輸送する. したがって, **電気伝導率**(electric conductivity)と熱伝導率の大きさには相関がある. 熱伝導率 $\lambda$ [W/(m·K)], 電気伝導率 $\sigma$ [(Ω·m)$^{-1}$], 絶対温度 $T$ [K] には,

$$\frac{\lambda}{\sigma} = 2.45 \times 10^{-8} \times T \tag{3.14}$$

の関係が見出されており，**ヴィーデマン-フランツ則**（Wiedemann-Franz law）あるいは**ヴィーデマン-フランツ-ローレンツ則**（Wiedemann-Franz-Lorentz law）と呼ばれる．

伝導電子がない電気的絶縁体ではフォノンが熱の輸送を担うが，一般的には輸送効率が悪いので，絶縁体の熱伝導率は低い傾向がある．ただし，共有結合性結晶であるダイヤモンドのように，高密度で高エネルギーのフォノンが熱を効率的に輸送する物質もあり，表3-1に示すように，高い熱伝導率を示す絶縁体も少なくない．

### 3.1.6　電磁波による伝熱

単原子分子の気体など例外を除き，ほとんどの物質はマクロには電気的中性であっても結晶格子や分子レベルでは電荷の分布に偏りがあり，物質中には**電気双極子**（electric dipole）が存在する．格子振動による電気双極子の振動により，物質から赤外や可視光領域の光を含む**電磁波**（electromagnetic waves）が放射される．このような物質からの放射は**電磁放射**（electromagnetic radiation）と呼ばれる．逆に電磁波が照射されると，物質内の電気双極子の振動が励起されて電磁波が吸収されたり，反射されたりする．これらは，それぞれ**電磁吸収**（electromagnetic absorption），**電磁反射**（electromagnetic reflection）と呼ばれる．また，電磁波が電気双極子の振動を励起できないときには，電磁波は物質を透過する．電磁波の中でも特に，赤外から可視光領域の電磁波の放射，吸収，反射，透過が熱の輸送を担う．さらに，電磁波は真空中でも伝搬するので，真空中でも熱を輸送する特徴がある．

室温付近の物質は，人の目に見える**可視光**（visible light）領域の電磁波をほとんど放射していないが，人の目には見えない**赤外線**（infrared light）領域の電磁波を放射している．例えば，赤外線にも感度がある撮像素子を用いた防犯カメラや暗視カメラで撮影した，暗闇の中での人や動物を目にしたことがあるはずである．このような条件では，電磁波のエネルギーも小さく日常で熱の輸送を感じることはない．温度が高くなると格子振動の周波数が高くなり，かつ，

振幅も大きくなるので，赤外よりも波長の短い可視光領域の電磁波が，目視できるくらいの強度で放射されるようになる．例えば，バーベキューのとき赤色や橙色に発光した木炭を目にしたことがあるはずである．さらに，物体の温度が高くなると放射される電磁波の最短波長が短くなるので，高温の物体の色が赤から黄や白に変化する現象も経験しているはずである．このように，温度が高くなるほど電磁波による熱の輸送は顕在化する．

等方的な物質において，熱流束の方向は温度勾配のみで決まり，熱伝導の方向を制御することはできない．一方，電磁波の放射，吸収，反射，透過といった特徴を利用すると，透明な窓を通じて装置内に熱エネルギーを供給したり，ミラーを使って一箇所に熱エネルギーの輸送を集中させたりできる．このように，熱エネルギーの輸送経路を制御できるのも電磁波の特徴であり，日常でも経験しているはずである．

### 3.1.7 熱伝達

物質が接触した界面における熱の輸送を，**熱伝達**(heat transfer)と呼ぶ．固体同士を接触させた界面が，原子・分子レベルで隙間なく固体同士が接触しているのは例外的であり，図3-2(a)のように，界面付近には空気層などの間隙が存在する．例えば，大気中で2枚の純Al板(熱伝導率240 W/(m·K))の面と面を接触させたとき，2枚の板の間にある空気の熱伝導率は0.026 W/(m·K)であり，この間隙が熱の輸送の抵抗となる．実際には，隙間の空気が静止しているとは限らないので，流れによる熱の輸送が起こったり，電磁波の

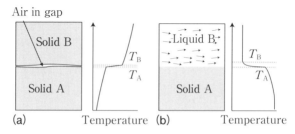

図3-2 (a)固体A(Solid A)と固体B(Solid B)の界面における熱伝達，(b)固体A(Solid A)と流体B(Liquid B)の界面の熱伝達．

放射，吸収，反射による熱の輸送が起こったりする．さらに，高温では電磁波の放射や吸収による熱の輸送が支配的になることもあり，二つの固体の界面での熱の輸送は，物質中の熱伝導に比べて複雑である．このような界面での熱の輸送を厳密に解析することは困難であり，数値計算するとしても計算コストが高い．

図 3-2(b)は，固体 A と流体 B の界面付近の模式図である．流体 B が撹拌などにより流動している場合，固体壁付近に，第 2 章で学習したように流れの境界層が形成している．固体 A と流体 B の間で熱の輸送があれば，流体 B には温度の境界層も形成する．固体壁にもっとも近い領域には層流底層と呼ばれる層流に近い流れの部分があり，その外側には遷移領域から乱流領域がある．層流底層では，流れの熱輸送への寄与が相対的に小さくなるので，流体の熱伝導の熱輸送への寄与も大きくなる．さらに，熱伝導率が大きい金属合金では，遷移領域や乱流領域でも熱伝導の寄与が無視できないこともある．その結果，流れと熱伝導が関係する温度の境界層の厚さは，流体の粘性により形成する流れの境界層の厚さと一致しない．このように流れと熱伝導の両方が寄与する熱の輸送の厳密な解析は容易ではない．

図 3-2 で示した例のように，界面での熱の輸送は複雑であり，その境界層を正確に解析することが困難である場合も多い．一方，実験などにより経験的に界面での熱流束を測定することは可能である．そこで，熱の輸送が複雑な固体/固体界面や固体/液体界面について，熱の輸送を総括的に評価できるように熱伝達の概念が導入されている．界面における熱伝達では，界面の熱流束 $q$ を界面を挟んだそれぞれの物質の代表温度 $T_A$, $T_B$ を用いて，

$$q = -h(T_A - T_B) \tag{3.15}$$

と表す．ここで，$h\,[\mathrm{W/(m^2 \cdot K)}]$ は，**熱伝達係数**(heat transfer coefficient)と呼ばれる．図 3-2(a)の固体/固体界面では，界面における固体 A，固体 B の表面温度をそれぞれ代表温度として $T_A$, $T_B$ を定義する．図 3-2(b)の固体/液体では，流体 B と接する固体 A の表面温度を $T_A$，流体 B の温度境界層の外側の温度を $T_B$ と定義する．これまでに熱伝達係数について多くの測定があり，各種の無次元数の関数として表現されることがある．これらの熱伝達係数

に関する既知の関係から定量的な評価ができれば，界面における複雑な熱の輸送を総括的かつ簡便に取り扱うことが可能になる．

## 3.2 熱エネルギー保存の式

### 3.2.1 熱エネルギーの収支

直交座標系における熱エネルギーの保存則から**エネルギー保存の式**(energy conservation formula)[*2]を導出する．物質の密度を $\rho$，単位質量あたりの定圧比熱を $C_\mathrm{p}$ とすると，温度 $\Delta T$ だけの変化に対する物質の内部エネルギーの変化は，$\rho C_\mathrm{p} \Delta T$ である．図3-3 に示す検査体積である微小要素 ($dx_1 dx_2 dx_3$) における熱エネルギー保存則を考える．フーリエの法則に従う熱伝導と流れが熱の輸送を担っているとし，微小時間 $dt$ の間に $x_1$ 軸に垂直な面から検査体積へ流入する熱エネルギーの熱流束を $q_1$ とすると，

$$q_1(dx_2\,dx_3)\,dt = \left[-\lambda \frac{\partial T}{\partial x_1} + u_1 \rho C_\mathrm{p} T\right](dx_2\,dx_3)\,dt \tag{3.16}$$

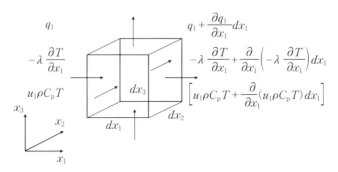

図 3-3 検査体積(微小要素)における熱の輸送．

---

[*2] **熱エネルギー保存の式**(thermal energy conservation formula)，**エネルギーの式**(energy equation)など複数の呼び方がある．本書では，エネルギー保存の式と呼ぶが，流速をゼロとすれば熱伝導方程式になる．流れを考慮した保存量の式(質量保存，エネルギー保存)は2.5節で取り扱っているので，エネルギー保存の式と熱伝導方程式を区別せずにこの節で学習する．

となる．$\lambda$ は熱伝導率であり，右辺の［　］内の第 1 項が熱伝導の寄与，第 2 項が流動の寄与である．次に，単位時間・単位体積あたりの発熱量を $\dot{Q}$ として，検査体積における熱エネルギー保存は，

$$(\rho C_{\mathrm{p}} dT)(dx_1\,dx_2\,dx_3)$$

$$= \left[q_1 - \left(q_1 + \frac{\partial q_1}{\partial x_1}dx_1\right)\right](dx_2\,dx_3)\,dt$$

$$+ \left[q_2 - \left(q_2 + \frac{\partial q_2}{\partial x_2}dx_2\right)\right](dx_3\,dx_1)\,dt$$

$$+ \left[q_3 - \left(q_3 + \frac{\partial q_3}{\partial x_3}dx_3\right)\right](dx_1\,dx_2)\,dt + \dot{Q}(dx_1\,dx_2\,dx_3)\,dt \qquad (3.17)$$

となる．非圧縮性流体の運動量保存とは違い，熱の輸送では相変態や化学反応による発熱・吸熱反応を取り扱うエネルギー保存は珍しくない．式(3.17)のエネルギー保存の式から求められる次式の偏微分方程式が，エネルギー保存の式である．

$$\frac{\partial}{\partial t}(\rho C_{\mathrm{p}} T) + \left[u_1 \frac{\partial}{\partial x_1}(\rho C_{\mathrm{p}} T) + u_2 \frac{\partial}{\partial x_2}(\rho C_{\mathrm{p}} T) + u_3 \frac{\partial}{\partial x_3}(\rho C_{\mathrm{p}} T)\right]$$

$$+ (\rho C_{\mathrm{p}} T)\left(\frac{\partial u_1}{\partial x_1} + \frac{\partial u_2}{\partial x_2} + \frac{\partial u_3}{\partial x_3}\right)$$

$$= \left[\frac{\partial}{\partial x_1}\left(\lambda \frac{\partial T}{\partial x_1}\right) + \frac{\partial}{\partial x_2}\left(\lambda \frac{\partial T}{\partial x_2}\right) + \frac{\partial}{\partial x_3}\left(\lambda \frac{\partial T}{\partial x_3}\right)\right] + \dot{Q} \qquad (3.18\mathrm{a})$$

$$\frac{\partial}{\partial t}(\rho C_{\mathrm{p}} T) + (\boldsymbol{u}\cdot\nabla)(\rho C_{\mathrm{p}} T) + (\rho C_{\mathrm{p}} T)\nabla\cdot\boldsymbol{u} = \mathrm{div}[\lambda\,\mathrm{grad}\,T] + \dot{Q} \qquad (3.18\mathrm{b})$$

式(3.18b)の左辺は実質微分である．非圧縮性流体であれば，連続の式 $\nabla\cdot\boldsymbol{u}$ を含む左辺の第 3 項はゼロであり，さらに密度と比熱の温度変化が無視できる場合には，

$$\frac{\partial T}{\partial t} = -\left[u_1 \frac{\partial T}{\partial x_1} + u_2 \frac{\partial T}{\partial x_2} + u_3 \frac{\partial T}{\partial x_3}\right]$$

$$+ \left[\frac{\partial}{\partial x_1}\left(\alpha \frac{\partial T}{\partial x_1}\right) + \frac{\partial}{\partial x_2}\left(\alpha \frac{\partial T}{\partial x_2}\right) + \frac{\partial}{\partial x_3}\left(\alpha \frac{\partial T}{\partial x_3}\right)\right] + \frac{\dot{Q}}{\rho C_{\mathrm{p}}} \qquad (3.19\mathrm{a})$$

$$\frac{\partial T}{\partial t} + (\boldsymbol{u}\cdot\nabla)T = \mathrm{div}[\alpha\,\mathrm{grad}\,T] + \frac{\dot{Q}}{\rho C_{\mathrm{p}}} \qquad (3.19\mathrm{b})$$

86 第 3 章 熱の輸送

$$\frac{DT}{Dt} = \frac{\partial}{\partial x_i}\left(\alpha \frac{\partial T}{\partial x_i}\right) + \frac{\dot{Q}}{\rho C_p} \tag{3.19c}$$

となる．式 (3.19c) は，実質微分を用いて総和を省略した偏微分方程式である．
ここで，$\alpha$ は**熱拡散率** (thermal diffusivity) であり，

$$\alpha \equiv \frac{\lambda}{\rho C_p} \tag{3.20}$$

と定義される．熱拡散率の単位は SI 単位系では $[\text{m}^2/\text{s}]$ であり，物質の拡散
係数 $D$ と同じ次元である．式 (3.19) は，質量や熱エネルギーなどの保存量の
拡散方程式であり，熱拡散率と物質の拡散係数が同じ次元であるのは当然であ
る．

熱拡散率 $\alpha$ の温度依存性が無視できれば，エネルギー保存の式はより簡略
化されて，

$$\frac{DT}{Dt} = \frac{\partial T}{\partial t} + \left[u_1 \frac{\partial T}{\partial x_1} + u_2 \frac{\partial T}{\partial x_2} + u_3 \frac{\partial T}{\partial x_3}\right] = \alpha\left(\frac{\partial^2 T}{\partial x_1^2} + \frac{\partial^2 T}{\partial x_2^2} + \frac{\partial^2 T}{\partial x_3^2}\right) + \frac{\dot{Q}}{\rho C_p} \tag{3.21a}$$

$$\frac{DT}{Dt} = \frac{\partial T}{\partial t} + (\boldsymbol{u}\cdot\nabla)\,T = \alpha\,\nabla^2 T + \frac{\dot{Q}}{\rho C_p} \tag{3.21b}$$

$$\frac{DT}{Dt} = \alpha\,\frac{\partial^2 T}{\partial x_i^2} + \frac{\dot{Q}}{\rho C_p} \tag{3.21c}$$

となる．

実質微分を用いた式 (3.19)，(3.21) はラグランジュの方法の立場に立って，
左辺に仮想的に定義した流体粒子の温度変化，右辺に流体粒子と周辺との熱伝
導による熱のやりとりと流体粒子内の発熱・吸熱が示されている．第 2 章では
運動量を保存量として，実質微分を用いると運動方程式が簡便に表現できるこ
とを学んだが，熱の輸送においても熱エネルギーを保存量として実質微分を用
いると，エネルギー保存の式が容易に導出できる．

次に，物質が静止している場合のエネルギー保存の式は，

$$\frac{\partial T}{\partial t} = \alpha\left(\frac{\partial^2 T}{\partial x_1^2} + \frac{\partial^2 T}{\partial x_2^2} + \frac{\partial^2 T}{\partial x_3^2}\right) + \frac{\dot{Q}}{\rho C_p} \tag{3.22a}$$

$$\frac{\partial T}{\partial t} = \alpha \nabla^2 T + \frac{\dot{Q}}{\rho C_{\mathrm{p}}} \tag{3.22b}$$

$$\frac{\partial T}{\partial t} = \alpha \frac{\partial^2 T}{\partial x_i^2} + \frac{\dot{Q}}{\rho C_{\mathrm{p}}} \tag{3.22c}$$

となり，これは**熱拡散方程式**(heat diffusion equation)，あるいは**熱伝導方程式**(heat transfer equation)と呼ばれる.

## 3.2.2　円柱座標系，球座標系におけるエネルギー保存の式

　熱の輸送や温度分布などの熱的な境界条件が，軸対称や点対称などで与えられる場合がある．このような場合には，直交座標系ではなく，円柱座標系や球座標系を用いたほうが熱の輸送や温度分布を求めやすい．第1章で学んだ円柱座標系，球座標系における検査体積について，前節と同様に，流れにより輸送される熱エネルギー，熱伝導により輸送される熱エネルギー，検査体積における発熱・吸熱の収支からエネルギー保存の式を導出することが可能である．ここでは，式(3.22b)に第1章で学んだ微分演算子を用いて，円柱座標系と球座標系のエネルギー保存の式を導出する.

　円柱座標系の微分演算子である式(1.22)～(1.25)を用いると，エネルギー保存の式は，

$$\frac{\partial T}{\partial t} + u_r \frac{\partial T}{\partial r} + \frac{u_\theta}{r}\frac{\partial T}{\partial \theta} + u_3 \frac{\partial T}{\partial x_3} = \alpha \left[ \frac{1}{r}\frac{\partial}{\partial r}\left(r\frac{\partial T}{\partial r}\right) + \frac{1}{r^2}\frac{\partial^2 T}{\partial \theta^2} + \frac{\partial^2 T}{\partial x_3^2} \right] + \frac{\dot{Q}}{\rho C_{\mathrm{p}}}$$

$$= \alpha \left[ \frac{\partial^2 T}{\partial r^2} + \frac{1}{r}\frac{\partial T}{\partial r} + \frac{1}{r^2}\frac{\partial^2 T}{\partial \theta^2} + \frac{\partial^2 T}{\partial x_3^2} \right] + \frac{\dot{Q}}{\rho C_{\mathrm{p}}} \tag{3.23}$$

となる．例えば，流れと温度ともに$x_3$軸を中心に対称で方位角$\theta$に依存しない場合，エネルギー保存の式は，

$$\frac{\partial T}{\partial t} + u_r \frac{\partial T}{\partial r} + u_3 \frac{\partial T}{\partial x_3} = \alpha \left[ \frac{1}{r}\frac{\partial}{\partial r}\left(r\frac{\partial T}{\partial r}\right) + \frac{\partial^2 T}{\partial x_3^2} \right] + \frac{\dot{Q}}{\rho C_{\mathrm{p}}} \tag{3.24a}$$

となる．さらに，流れがなく，$x_3$軸方向について温度が均一であれば，エネルギー保存の式は，

$$\frac{\partial T}{\partial t} = \frac{\alpha}{r}\frac{\partial}{\partial r}\left(r\frac{\partial T}{\partial r}\right) + \frac{\dot{Q}}{\rho C_{\mathrm{p}}} \tag{3.24b}$$

88 第3章 熱の輸送

となる．このように熱の輸送や温度分布の対称性によりエネルギー保存の式は簡略化される．また，半径 $r_1$ と半径 $r_2(r_1 < r_2)$ の位置が一定温度に保持されている定常状態では，エネルギー保存の式は以下のように常微分方程式となる．

$$0 = \frac{\alpha}{r} \frac{d}{dr} \left( r \frac{dT}{dr} \right) + \frac{\dot{Q}}{\rho C_\mathrm{p}} \tag{3.25}$$

半径 $r_1$ と半径 $r_2$ の位置の温度を境界条件として与えれば，温度分布を半径 $r$ の関数として求めることができる．

次に，円柱座標系と同様に球座標系におけるエネルギー保存の式は，式 (1.29)〜(1.32) を用いると，

$$\frac{\partial T}{\partial t} + u_r \frac{\partial T}{\partial r} + \frac{u_\theta}{r} \frac{\partial T}{\partial \theta} + \frac{u_\phi}{r \sin \theta} \frac{\partial T}{\partial \phi}$$

$$= \alpha \left[ \frac{1}{r^2} \frac{\partial}{\partial r} \left( r^2 \frac{\partial T}{\partial r} \right) + \frac{1}{r^2 \sin \theta} \frac{\partial}{\partial \theta} \left( \sin \theta \frac{\partial T}{\partial \theta} \right) + \frac{1}{r^2 \sin^2 \theta} \frac{\partial^2 T}{\partial \phi^2} \right] + \frac{\dot{Q}}{\rho C_\mathrm{p}} \tag{3.26a}$$

となる．流動はなく，温度が半径 $r$ のみに依存する場合，エネルギー保存の式は，

$$\frac{\partial T}{\partial t} = \frac{\alpha}{r^2} \frac{\partial}{\partial r} \left( r^2 \frac{\partial T}{\partial r} \right) + \frac{\dot{Q}}{\rho C_\mathrm{p}} \tag{3.26b}$$

となる．

## 3.3 強制対流による熱伝達

### 3.3.1 境界層内の熱伝達

前節では流れと熱伝導が熱の輸送を担い，熱伝達を考える必要がない場合のエネルギー保存の式を導いた．ここでは，外部機器を用いた撹拌などの**強制対流**(forced convection) により生じた非圧縮性流体の乱流と固体との境界領域における熱伝達を支配方程式に基づいて考える．例えば，ガス，融液，水溶液などの流体中で固体である材料を冷却したり，加熱したりするプロセスでは必ず固体/流体界面が存在する．材料中の熱伝導，境界層における熱伝達，流体の熱輸送の三つの熱の輸送過程が材料の冷却速度や加熱速度を決定する．

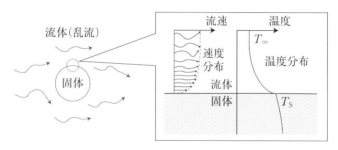

図3-4 強制対流下の液体と固体間の熱輸送.

図3-4は乱流の流体中に置かれた球形状の固体であり，固体と流体の界面付近の流動速度分布と温度分布を模式的に示している．固体壁近傍では，粘性が支配する層流底層，遷移領域，主流の流れに近い乱流境界層がある．層流底層では熱伝導も熱輸送を担う．その外側の遷移領域から乱流領域では，流速と圧力が非定常に変化する．このような乱流では，流速に固体壁面に垂直な成分も含まれ，固体壁に垂直な方向にも流れが熱の輸送を担う．3.1.7項で学習したように，層流底層から乱流境界層の流れと熱の輸送を厳密に解析することは容易ではない．

乱流による撹拌効果により，固体の影響をほとんど受けずに流体の温度が一定と見なせる領域までを温度の境界層と定義し，境界層外の流体の代表温度を$T_\infty$とする．一方，固体の球と流体は完全に接触しており，固体表面温度と接する流体の温度は等しいとして，球表面の代表温度を$T_S$とする．熱伝達の概念から固相から流体への熱流束$q$は熱伝達係数$h$を用いて，

$$q = -h(T_\infty - T_S) \tag{3.27}$$

と表すことができる．温度$T_\infty$と$T_S$は，境界層内の温度分布とは関係なく，境界層内の複雑な熱輸送を熱伝達係数$h$に反映させることができれば，固体球と流体間の熱の輸送を知ることができる．熱伝達係数$h$について多くの測定例があり，これらのデータを利用することで，材料の製造プロセスなどでの熱の輸送から冷却速度や加熱速度などを求めることができる．後述するが，熱的な境界の幾何学的条件に従って，熱伝達係数$h$は流体の物性値と流速など

を用いた無次元数などの関係式が提案されている．このような関係式を利用することで，複雑な境界層内の熱の輸送を詳細に解析せずに固体と流体間の熱の輸送を評価できる．

### 3.3.2 境界層流れの基礎方程式

境界層内の複雑な熱輸送を反映した熱伝達係数 $h$ について，いくつかの無次元数を用いた関係式が提案されている．まず，熱伝達係数 $h$ が無次元数の関係式で表される理由について学習する．境界層付近の流れの支配方程式は，連続の式(質量保存則)，運動量の輸送(運動量保存則)，エネルギー保存の式(熱エネルギー保存の式)であり，流速ベクトル $\boldsymbol{u}$，流体の密度 $\rho$，圧力 $P$，粘度 $\mu$，重力加速度ベクトル $\boldsymbol{g}$，単位体積あたりの定圧比熱 $C_\mathrm{p}$，絶対温度 $T$，流体の熱伝導率 $\lambda$ を用いると，

$$\nabla \cdot \boldsymbol{u} = 0 \tag{3.28}$$

$$\rho \frac{D\boldsymbol{u}}{Dt} = -\nabla P + \mu \nabla^2 \boldsymbol{u} + \rho \boldsymbol{g} \tag{3.29}$$

$$\rho C_\mathrm{p} \frac{DT}{Dt} = \lambda \nabla^2 T \tag{3.30}$$

となる．

図 3-5 に示すように，固体である物体 A の周りの流体の熱輸送を考え，$x_1$ 軸を物体 A の表面に沿った流れの方向，$x_2$ 軸を表面の法線方向に定義した二次元の座標系を定義する．簡略化のため，乱流を時間で平均した流れで考える．ここで，乱流であるため $x_2$ 軸方向にも流れがあることに注意する必要が

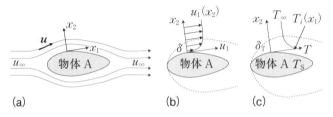

図 3-5 乱流中の物体 A 周辺の(a)流線，(b)流れの境界層，(c)温度の境界層の模式図．

ある．また，図中の $\delta, \delta_{\mathrm{T}}$ は，それぞれ流れの境界層厚さと温度の境界層厚さ
である．連続の式は，

$$\frac{\partial u_1}{\partial x_1} + \frac{\partial u_2}{\partial x_2} = 0 \tag{3.31}$$

となる．時間で平均した流速を用いているので，定常状態ではナビエ-ストークスの式において流速の時間変化 $\partial \boldsymbol{u}/\partial t$ は 0 になるので，動粘度を $\nu$ として，$x_1$ 方向と $x_2$ 方向の運動量保存は，それぞれ，

$$u_1 \frac{\partial u_1}{\partial x_1} + u_2 \frac{\partial u_1}{\partial x_2} = -\frac{1}{\rho} \frac{\partial P}{\partial x_1} + \nu \left( \frac{\partial^2 u_1}{\partial x_1^2} + \frac{\partial^2 u_1}{\partial x_2^2} \right) \tag{3.32a}$$

$$u_1 \frac{\partial u_2}{\partial x_1} + u_2 \frac{\partial u_2}{\partial x_2} = -\frac{1}{\rho} \frac{\partial P}{\partial x_2} + \nu \left( \frac{\partial^2 u_2}{\partial x_1^2} + \frac{\partial^2 u_2}{\partial x_2^2} \right) \tag{3.32b}$$

となる．流体の熱エネルギー保存の式は，熱拡散率を $\alpha$ として，

$$u_1 \frac{\partial T}{\partial x_1} + u_2 \frac{\partial T}{\partial x_2} = \alpha \left( \frac{\partial^2 T}{\partial x_1^2} + \frac{\partial^2 T}{\partial x_2^2} \right) \tag{3.33}$$

となる．物体 A の周辺で乱流が十分に発達しており，流れと温度の境界層厚さは十分に薄いとする．その場合，次式で示される**境界層近似**(boundary layer approximation)と呼ばれる近似を使う．

$$|u_1| \gg |u_2| \tag{3.34a}$$

$$\left| \frac{\partial u_1}{\partial x_2} \right| \gg \left| \frac{\partial u_1}{\partial x_1} \right|, \left| \frac{\partial u_2}{\partial x_2} \right|, \left| \frac{\partial u_2}{\partial x_1} \right| \tag{3.34b}$$

$$\left| \frac{\partial T}{\partial x_2} \right| \gg \left| \frac{\partial T}{\partial x_1} \right| \tag{3.34c}$$

式(3.34a)において，物体 A の表面に沿う流速 $|u_1|$ が表面に垂直な方向の流速 $|u_2|$ よりも十分に大きいことは容易に想像がつく．物体 A の表面で流速が 0 であり，せん断速度についても，$|\partial u_1/\partial x_2|$ がもっとも大きくなることが明らかである．さらに，熱の輸送は物体 A と流体との間で起こるので，物体 A の表面に垂直な向きの温度勾配が大きい．したがって，乱流の詳細を解析せずとも妥当な近似であることが理解できるはずである．$u_2$ は十分に小さいので，$x_2$ 方向の運動量保存を取り扱わず，境界層の基礎方程式を近似すると，

92 第 3 章 熱の輸送

$$\frac{\partial u_1}{\partial x_1} + \frac{\partial u_2}{\partial x_2} = 0 \tag{3.35}$$

$$u_1 \frac{\partial u_1}{\partial x_1} + u_2 \frac{\partial u_1}{\partial x_2} = -\frac{1}{\rho} \frac{\partial P}{\partial x_1} + \nu \frac{\partial^2 u_1}{\partial x_2^2} \tag{3.36}$$

$$u_1 \frac{\partial T}{\partial x_1} + u_2 \frac{\partial T}{\partial x_2} = \alpha \frac{\partial^2 T}{\partial x_2^2} \tag{3.37}$$

となる. また, 境界条件は,

$$u_1(x_2 = 0) = u_2(x_2 = 0) = 0 \tag{3.38a}$$

$$u_1(x_2 = \infty) = u_\infty \tag{3.38b}$$

$$T(x_2 = 0) = T_i(x_1) \tag{3.38c}$$

$$T(x_2 = \infty) = T_\infty = \text{const.} \tag{3.38d}$$

である.

### 3.3.3 支配方程式の無次元化と相似則

先に求めた境界層の基礎方程式の無次元化を行う. 物体の代表長さを $L$, 物体 A の影響を受けていない主流の流速である物体 A の上流側の流速 $u_\infty$, 物体 A の表面温度 $T_i(x_1)$, 物体 A から十分に離れた流体の温度 $T_\infty$ を用いて, 次式のように各変数の規格化を行う.

$$X_1 = \frac{x_1}{L}, \quad X_2 = \frac{x_2}{L} \tag{3.39a}$$

$$U_1 = \frac{u_1}{u_\infty}, \quad U_2 = \frac{u_2}{u_\infty} \tag{3.39b}$$

$$T^* = \frac{T - T_\infty}{T_i - T_\infty} \tag{3.39c}$$

$$P^* = \frac{P}{\rho u_\infty^2} \tag{3.39d}$$

表面温度 $T_i$ は, 物体 A の表面に沿った位置 $x_1$ の関数であるが, 便宜的に代表値として取り扱う. これらの無次元化を用いると, 基礎方程式である式

$(3.35)\sim(3.37)$ は,

$$\frac{\partial U_1}{\partial X_1} + \frac{\partial U_2}{\partial X_2} = 0 \tag{3.40}$$

$$U_1\frac{\partial U_1}{\partial X_1} + U_2\frac{\partial U_1}{\partial X_2} = -\frac{\partial P^*}{\partial X_1} + \left(\frac{\nu}{u_\infty L}\right)\frac{\partial^2 U_1}{\partial X_2^2} = -\frac{\partial P^*}{\partial X_1} + \frac{1}{Re}\frac{\partial^2 U_1}{\partial X_2^2} \tag{3.41}$$

$$U_1\frac{\partial T^*}{\partial X_1} + U_2\frac{\partial T^*}{\partial X_2} = \left(\frac{\alpha}{u_\infty L}\right)\frac{\partial^2 T^*}{\partial X_2^2} = \frac{1}{Pe}\frac{\partial^2 T^*}{\partial X_2^2} = \frac{1}{Re\cdot Pr}\frac{\partial^2 T^*}{\partial X_2^2} \tag{3.42}$$

となる. ここで, **レイノルズ数**(Reynolds number)$Re$, **ペクレ数**(Peclet number)$Pe$, **プラントル数**(Prandtl number)$Pr$ は, 次式で示すように代表速度 $u_\infty$, 代表長さ $L$, 動粘度 $\nu$, 熱拡散率 $\alpha$ を用いた無次元数である.

$$Re = \frac{u_\infty L}{\nu} \tag{3.43a}$$

$$Pe = \frac{u_\infty L}{\alpha} \tag{3.43b}$$

$$Pr = \frac{Pe}{Re} = \frac{\nu}{\alpha} \tag{3.43c}$$

これらの無次元数は独立ではなく, 独立した無次元数は二つである. 例えば, レイノルズ数 $Re$ とプラントル数 $Pr$ が決まれば, ペクレ数 $Pe$ は一意に決まる. 式(3.40)～(3.42)は, 流れを示すレイノルズ数 $Re$ と流体の運動量の拡散と熱の拡散の比であるプラントル数 $Pr$ が同じであれば, 規格化された流速 $U_1, U_2$ と規格化された温度 $T^*$ は同じである. つまり, 2.7.8項で学んだ相似則が, 流れと熱の輸送の両方で成立することになる.

次に, 物体近傍の熱流束について考える. 物体表面近傍の流れは, 図3-5 の物体 A の上流側と下流側では同じではないので, 物体 A 近傍の熱流束は界面の位置に依存する. これを考慮して, 熱流束を表すと,

$$q_i = -\lambda\frac{\partial T}{\partial x_2}\bigg|_{x_2=0} = -\lambda\frac{(T_i-T_\infty)}{L}\frac{\partial T^*}{\partial X_2}\bigg|_{X_2=0} \tag{3.44}$$

となる. ここで, 物体 A の表面近傍の温度勾配を無次元化している. 式(3.40)～(3.42)で成立した相似則を考えると, 無次元化された温度勾配は, レイノルズ数 $Re$, プラントル数 $Pr$ により一意に決まる. つまり, 相似則から

94　第3章　熱の輸送

無次元化された表面での温度勾配は，流れの方向の無次元化された位置 $X_1$ と二つの無次元数の関数で表すことができ，次式の定義が可能である．

$$\left.\frac{\partial T^*}{\partial X_2}\right|_{X_2=0} = -g(X_1, Re, Pr) \tag{3.45}$$

また，熱伝達係数を用いて式(3.44)の熱流束を表すと，

$$q_i = -h(T_\infty - T_i) \tag{3.46}$$

となる．これらの式を整理すると，

$$Nu \equiv \frac{hL}{\lambda} = g(X_1, Re, Pr) \tag{3.47}$$

となる．左辺は，**ヌッセルト数**(Nusselt number)$Nu$ と呼ばれる無次元数である．したがって，代表長さと流体の熱伝導率で無次元化された熱伝達係数が，$X_1, Re, Pr$ の関数になる．

　物体が十分に小さい，あるいは物体の熱伝導率が十分大きい場合には，物体の表面温度が表面に沿った位置であまり変化しない．このような条件では，表面に沿った位置 $X_1$ 方向にヌッセルト数 $Nu$ の平均を取ると，

$$\overline{Nu} \equiv \frac{\bar{h}L}{\lambda} = \bar{g}(Re, Pr) \tag{3.48}$$

となり，平均の熱伝達係数が，平均のヌッセルト数 $\overline{Nu}$，レイノルズ数 $Re$，プラントル数 $Pr$ と関係づけられる．簡単のため，次のセクションでは平均したヌッセルト数 $\overline{Nu}$ を単純にヌッセルト数 $Nu$ として，平均化した無次元数のみを取り扱う．

### 3.3.4　無次元数を用いた熱伝達係数

　物体 A の周りの境界層の流れから物体 A と流体の熱輸送について，無次元数を用いた相似則が導かれた．この相似則から，$Nu = \bar{g}(Re, Pr)$ のように $Re$ と $Pr$ を変数とした関数で表される．熱輸送に関わる現象やプロセスは多種・多様である．材料の製造プロセスに限っても，流体として水を取り扱うこともあれば，合金が溶解した融液や融解した酸化物などのスラグを取り扱うこ

ともある．また，物体の寸法も mm 以下から m 以上まで多様である．このような多種・多様な現象・プロセスで，個別に熱伝達係数を評価することは現実的ではなく，実験あるいは計算により求められた $Nu = \bar{g}(Re, Pr)$ の関係を利用して，熱伝達係数，さらに熱の輸送を解析することの利点は非常に大きい．

例えば，ある幾何学的条件において，レイノルズ数 $Re$ とプラントル数 $Pr$ をパラメータとして系統的に熱伝達係数の測定を行えば，$Nu = \bar{g}(Re, Pr)$ の関数を導出できる．相似則を利用すれば，金属合金の融液を対象としたプロセスでも水などの流体を用いた測定も利用できる．これまでに多くの条件で $Nu = \bar{g}(Re, Pr)$ の関数が求められており，現実の熱輸送を解くときには，対象とする系に適用できる $Nu = \bar{g}(Re, Pr)$ の関係をハンドブック(伝熱工学資料[4])などから引用すれば，容易に熱伝達係数を評価できる．

## 3.4 乱流における対流熱伝達

### 3.4.1 レイノルズ分解

レイノルズ数 $Re$ が臨界値を超えた乱流が熱伝達に及ぼす影響を，**レイノルズ分解**(Reynolds decomposition)といわれる方法を用いて学習する．2.6.3 項ですでに円管内の流れについてレイノルズ応力を学習しているが，より一般化したレイノルズ応力を考える．たとえ時間平均した流速が一定であっても，乱流では時々刻々と流速と圧力が変化しており，局所的に渦が生じたり，消えたりしている．流体粒子で考えると，流速の変化はその流体粒子が周辺の流体粒子と運動量や熱エネルギーを交換している証であり，層流に比べて運動量や熱エネルギーの輸送が格段に促進される．静止している，あるいはゆっくりと流れている流体に比べて，激しく流れている流体中で熱輸送が増加することは日常生活でも多く経験しているはずである．

**図 3-6** のような平板に平行な $x_1$ 方向の流れを考えると，層流では平板に垂直な $x_2$ 方向の流れはわずか[*3]である．一方，乱流では至る所で渦が生じて流れが乱れており，乱れが大きくなるほど $x_1$ 方向と $x_2$ 方向の流速の大きさの差は小さくなる．したがって，乱流になるほど $x_2$ 方向の流速の増加と同時に $x_2$ 方向の熱輸送も増加する．

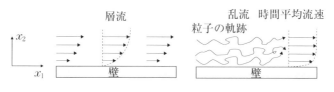

**図 3-6** 壁付近の層流,乱流の流れ(模式図).

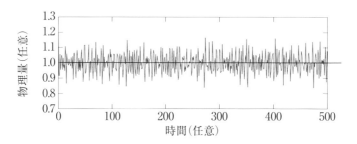

**図 3-7** 流速などの量の時間変化(模式図).

ここでは,乱流による熱輸送の促進を基礎方程式に戻って考える.図 3-7 は,乱流におけるある位置の流速などの物理量の時間変化を模式的に示している.乱流では流入量,流出量,入口や出口の圧力などの境界条件がほぼ一定でも,局所的な物理量は激しく変動する.流速 $u_i$,圧力 $P$,温度 $T$ を乱れの周期よりも長い時間で平均した平均値と乱流による短周期の変化値に分解することを考える.例えば,乱れの周期よりも十分に長い時間 $\Delta t$ で平均した流速 $\overline{u_i}$ は,次式のように求める.

$$\overline{u_i} = \int_t^{t+\Delta t} u_i\,dt \Big/ \int_t^{t+\Delta t} dt = \frac{1}{\Delta t}\int_t^{t+\Delta t} u_i\,dt \tag{3.49}$$

このような時間平均は,**レイノルズ平均**(Reynolds averaging)と呼ばれる.圧力,温度に対しても同様の平均を求めることができ,流速 $u_i$,圧力 $P$,温度 $T$ のレイノルズ平均を,それぞれ $\overline{u_i}, \overline{P}, \overline{T}$ とすると,レイノルズ分解は以下

---

[*3] 理想的な層流の定義によると $x_2$ 方向の流れはないが,現実には完全な層流はなく,$x_2$ 方向の流れもわずかに存在する.物体周辺の熱輸送を考えた際にも,$x_1$ 方向に比べて著しく遅いが $x_2$ 方向の流れがあることを前提にしている.

のようになる.

$$u_i = \overline{u_i} + u_i' \tag{3.50a}$$

$$P = \bar{P} + P' \tag{3.50b}$$

$$T = \bar{T} + T' \tag{3.50c}$$

ここで，$u_i', P', T'$ は，それぞれ流速，圧力，温度のレイノルズ平均から遷移した短周期の変動成分である．短周期の変動成分の時間平均について考えると，$\Delta t$ が変動の周期より十分に大きいと，次式

$$\overline{u_i'} = \frac{1}{\Delta t} \int_t^{t+\Delta t} [u_i - \overline{u_i}] dt = 0 \tag{3.51}$$

から明らかなように，いずれの変動成分 $u_i', P', T'$ の時間平均は 0 になる．さらに，

$$u_i u_j = (\overline{u_i} + u_i')(\overline{u_j} + u_j') = \overline{u_i}\,\overline{u_j} + \overline{u_i}\,u_j' + u_i'\,\overline{u_j} + u_i'\,u_j' \tag{3.52}$$

の関係から，$u_i u_j$ の時間平均は次式のように関係づけられる[*4].

$$\overline{u_i u_j} = \overline{u_i}\,\overline{u_j} + \overline{u_i'\,u_j'} \tag{3.53}$$

小さい渦と連続の式を想像するとわかりやすいように，各軸方向の流れは完全に独立しているわけではなく，$\overline{u_i u_j} \neq \overline{u_i}\,\overline{u_j}$ である．同様に変動成分も独立しておらず，$\overline{u_i'\,u_j'} \neq 0$ である．流れが熱の輸送に寄与しているが，流速と温度も完全に同期して変化しているわけではないので，流速と温度の積においても流速の積と同様に，変動成分の積の時間平均はゼロではない．

## 3.4.2 レイノルズ平均を用いた運動量保存則

レイノルズ分解により得られた関係式を，連続の式とナビエ–ストークスの式に適用することを考える．ここでは煩雑さを避けるため，総和の記号を省略している．連続の式

$$\frac{\partial u_i}{\partial x_i} = 0 \tag{3.54}$$

---

[*4] $\overline{u}$ において，変数の上のバー(直線)のかかる範囲に注意すること.

98　第 3 章　熱の輸送

に $u_i = \overline{u_i} + u_i'$ を代入してレイノルズ平均を取ると，

$$\frac{\overline{\partial(\overline{u_i} + u_i')}}{\partial x_i} = \frac{\partial \overline{u_i}}{\partial x_i} = 0 \tag{3.55}$$

となる．つまり，レイノルズ平均した流速は連続の式を満たす．

第 2 章で導出された非圧縮性流体のナビエ-ストークスの式は，動粘度を $\nu$ とすると，

$$\frac{\partial u_i}{\partial t} + u_j \frac{\partial u_i}{\partial x_j} = -\frac{1}{\rho} \frac{\partial P}{\partial x_i} + \nu \frac{\partial}{\partial x_j} \left( \frac{\partial u_i}{\partial x_j} \right) \tag{3.56}$$

である．左辺の実質微分については，

$$\frac{\partial u_i}{\partial t} + u_j \frac{\partial u_i}{\partial x_j} + u_i \frac{\partial u_j}{\partial x_j} = \frac{\partial u_i}{\partial t} + \frac{\partial u_i u_j}{\partial x_j} \tag{3.57}$$

のように表記することも可能である．左辺の第 3 項は，非圧縮性流体の連続の式である $\partial u_j / \partial x_j$ を含んでいるので 0 である．ナビエ-ストークスの各項にレイノルズ分解した項を代入して，さらにレイノルズ平均を取ると，次の関係式が得られる．

$$\frac{\overline{\partial(\overline{u_i} + u_i')}}{\partial t} = \frac{\partial \overline{u_i}}{\partial t} \tag{3.58}$$

$$\frac{\overline{\partial[(\overline{u_i} + u_i')(\overline{u_j} + u_j')]}}{\partial x_j} = \frac{\partial(\overline{u_i}\,\overline{u_j})}{\partial x_j} + \frac{\partial(\overline{u_i' u_j'})}{\partial x_j} \tag{3.59}$$

$$\frac{\overline{\partial(\overline{P} + P')}}{\partial x_i} = \frac{\partial \overline{P}}{\partial x_i} \tag{3.60}$$

$$\frac{\partial}{\partial x_j} \left[ \frac{\overline{\partial(\overline{u_i} + u_i')}}{\partial x_j} \right] = \frac{\partial}{\partial x_j} \left( \frac{\partial \overline{u_i}}{\partial x_j} \right) \tag{3.61}$$

これらを用いると，レイノルズ平均されたナビエ-ストークスの式は，

$$\frac{\partial \overline{u_i}}{\partial t} + \frac{\partial(\overline{u_i}\,\overline{u_j})}{\partial x_j} = -\frac{1}{\rho} \frac{\partial \overline{P}}{\partial x_i} + \frac{\partial}{\partial x_j} \left[ \nu \frac{\partial \overline{u_i}}{\partial x_j} - \overline{u_i' u_j'} \right] \tag{3.62}$$

となる．式(3.62)の右辺第 2 項の［　］内を $\tilde{\tau}_{ji}$ として，粘性により生じる応力に相当する項 $\tilde{\tau}_{ij}$ に注目すると，

$$\tilde{\tau}_{ji} = \mu \left( \frac{\partial \overline{u_i}}{\partial x_j} + \frac{\partial \overline{u_j}}{\partial x_i} \right) - \rho \overline{u_i' u_j'} = \overline{\tau_{ij}} - \rho \overline{u_i' u_j'} \tag{3.63}$$

である．平均流速による粘性力に比べて $-\rho \overline{u_i' u_j'}$ の項が加わっており，この項は**レイノルズ応力**（Reynolds stress）と呼ばれる．乱流が強くなるほど時間変動成分である $\overline{u_i' u_j'}$ が負に大きくなるのでレイノルズ応力は大きくなり，流体の見かけの粘性はあたかも増加したようになる．レイノルズ数が十分に大きくなると，$\tau_{ij}$ に比べて $-\rho \overline{u_i' u_j'}$ が支配的になることもある．

乱流は時間平均の滑らかな流れにいずれの方向にも変動した流速が加わっていると見なせ，局所的には渦も発生している．このような全方向にわたって変動した流動は，見かけの粘度（動粘度*5）の増加に伴う運動量の拡散と見ることも可能である．

### 3.4.3 レイノルズ平均を用いた熱エネルギー保存則

熱伝導方程式についてレイノルズ平均を行う．密度，比熱を一定とすると熱伝導方程式は，

$$\frac{\partial T}{\partial t} + \frac{\partial (u_i T)}{\partial x_i} = \frac{\partial}{\partial x_i}\left(\alpha \frac{\partial T}{\partial x_i}\right) \tag{3.64}$$

であり，$T = \bar{T} + T', u_i = \overline{u_i} + u_i'$ を代入して，

$$\frac{\partial (\bar{T} + T')}{\partial t} + \frac{\partial [(\overline{u_i} + u_i')(\bar{T} + T')]}{\partial x_i} = \frac{\partial}{\partial x_i}\left[\alpha \frac{\partial (\bar{T} + T')}{\partial x_i}\right] \tag{3.65}$$

となる．各項のレイノルズ平均は次式となる．

$$\overline{\frac{\partial (\bar{T} + T')}{\partial t}} = \frac{\partial \bar{T}}{\partial t} \tag{3.66a}$$

$$\overline{\frac{\partial [(\overline{u_i} + u_i')(\bar{T} + T')]}{\partial x_i}} = \frac{\partial (\overline{u_i}\bar{T})}{\partial x_i} + \frac{\partial (\overline{u_i' T'})}{\partial x_i} \tag{3.66b}$$

$$\overline{\frac{\partial}{\partial x_i}\left[\alpha \frac{\partial (\bar{T} + T')}{\partial x_i}\right]} = \frac{\partial}{\partial x_i}\left(\alpha \frac{\partial T}{\partial x_i}\right) \tag{3.66c}$$

したがって，レイノルズ平均された熱伝導方程式は，

---

*5 動粘度は物質の拡散係数，熱拡散率と同じ次元であり，運動量の拡散を示す物性値である．動粘度が無限大と見なせる固体（剛体）では，外力が固体全体に伝わり，運動量の拡散速度が無限大，あるいは，拡散時間が無限小と捉えると運動量の拡散を実感しやすいかもしれない．

100 　第3章　熱の輸送

$$\frac{\partial \bar{T}}{\partial t} + \frac{\partial (\overline{u_i}\bar{T})}{\partial x_i} = \frac{\partial}{\partial x_i}\left(\alpha \frac{\partial \bar{T}}{\partial x_i} - \overline{u_i' T'}\right) \tag{3.67a}$$

$$\frac{\partial \bar{T}}{\partial t} + \overline{u_i}\frac{\partial \bar{T}}{\partial x_i} = \frac{\partial}{\partial x_i}\left(\alpha \frac{\partial \bar{T}}{\partial x_i} - \overline{u_i' T'}\right) \tag{3.67b}$$

となる．式(3.67b)は，レイノルズ平均された連続の式 $\partial \overline{u_i}/\partial x_i = 0$ を用いて右辺第2項を整理した式である．

エネルギー保存の式では，右辺の（　）内は熱伝導による熱流束 $\overline{q_i}$ であり，乱流下での熱流束 $\tilde{q}_i$ は，

$$\tilde{q}_i = -\lambda \frac{\partial \bar{T}}{\partial x_i} + \rho C_{\mathrm{p}}\overline{u_i' T'} = \overline{q_i} + \rho C_{\mathrm{p}}\overline{u_i' T'} \tag{3.68}$$

と見なすことができる．水や金属融液の乱流では，右辺の第2項が第1項よりも大きくなり，おもに流れが熱輸送を担うようなこともある．つまり，物質の熱伝導による熱の輸送や層流に近い流れによる熱の輸送に比べて，乱流では熱の輸送が促進される．

### 3.4.4　輸送に及ぼす乱流の影響に関する相似則

レイノルズ平均された基礎方程式（連続の式，ナビエ-ストークスの式，エネルギー保存の式）は，それぞれ

$$\frac{\partial \overline{u_i}}{\partial x_i} = 0 \tag{3.69a}$$

$$\frac{\partial \overline{u_i}}{\partial t} + \overline{u_j}\frac{\partial \overline{u_i}}{\partial x_j} = -\frac{1}{\rho}\frac{\partial \bar{P}}{\partial x_i} + \frac{\partial}{\partial x_j}\left[\nu \frac{\partial \overline{u_i}}{\partial x_j} - \overline{u_i' u_j'}\right] \tag{3.69b}$$

$$\frac{\partial \bar{T}}{\partial t} + \overline{u_i}\frac{\partial \bar{T}}{\partial x_i} = \frac{\partial}{\partial x_i}\left(\alpha \frac{\partial \bar{T}}{\partial x_i} - \overline{u_i' T'}\right) \tag{3.69c}$$

となった．代表時間 $L/u_{\mathrm{N}}$，代表長さ $L$，代表速度 $u_{\mathrm{N}}$，代表圧力 $\rho u_{\mathrm{N}}^2$，代表温度 $T_{\mathrm{N}}$ を用いて無次元化を行うと，

$$\frac{\partial \overline{U_i}}{\partial X_i} = 0 \tag{3.70a}$$

$$\frac{\partial \overline{U_i}}{\partial \tau} + \overline{U_j}\frac{\partial \overline{U_i}}{\partial X_j} = -\frac{\partial \overline{P^*}}{\partial X_i} + \frac{\partial}{\partial X_j}\left[\frac{\nu}{u_{\mathrm{N}} L}\frac{\partial \overline{U_i}}{\partial X_j} - \overline{U_i' U_j'}\right]$$

$$= -\frac{\partial \overline{P^*}}{\partial X_i} + \frac{\partial}{\partial X_j}\left[\frac{1}{Re}\frac{\partial \overline{U_i}}{\partial X_j} - \overline{U_i' U_j'}\right] \qquad (3.70\text{b})$$

$$\frac{\partial \overline{T^*}}{\partial \tau} + \overline{U_i}\frac{\partial \overline{T^*}}{\partial X_i} = \frac{\partial}{\partial X_i}\left(\frac{\alpha}{Lu_\mathrm{N}}\frac{\partial \overline{T^*}}{\partial X_i} - \overline{U_i' T^{*\prime}}\right)$$

$$= \frac{\partial}{\partial X_i}\left(\frac{1}{Pe}\frac{\partial \overline{T^*}}{\partial X_i} - \overline{U_i' T^{*\prime}}\right)$$

$$= \frac{\partial}{\partial X_i}\left(\frac{1}{Re \cdot Pr}\frac{\partial \overline{T^*}}{\partial X_i} - \overline{U_i' T^{*\prime}}\right) \qquad (3.70\text{c})$$

となる．なお，$\tau, X_i, U_i, P^*, T^*$ は，それぞれ無次元化された時間，位置，流速，圧力，温度である．

ナビエ–ストークスの式ではレイノルズ数 $Re$，エネルギー保存の式ではペクレ数 $Pe$，あるいはレイノルズ数 $Re$ とプラントル数 $Pr$ の積を基準に相似則が成立する．つまり，レイノルズ分解により導かれた乱流の特徴を反映する無次元の $\overline{U_i' U_j'}$ と $\overline{U_i' T^{*\prime}}$ 項が，レイノルズ数 $Re$，ペクレ数 $Pe$，プラントル数 $Pr$ と相関するので，乱流における熱の輸送や乱流中に配置された物体と流体との熱の輸送に対して，レイノルズ数 $Re$，ペクレ数 $Pe$，プラントル数 $Pr$ のうちの二つの無次元数を基準に相似則を適用することは妥当である．3.3 節において，物体間の熱伝達を表すヌッセルト数 $Nu$ が，レイノルズ数 $Re$ とプラントル数 $Pr$ の関数になることが示されたが，レイノルズ分解によりその根拠がより明確になった．

## 3.5　自然対流による熱伝達

### 3.5.1　自然対流

対流 (convection) とは，温度や濃度により流体の密度の不均一に起因して重力により流体内部で引き起こされる流れである．また，温度や濃度に依存する表面張力の不均一によって引き起こされる**マランゴニ対流** (Marangoni convection) も自然対流の一つである．3.3 節で学んだ外部機器による撹拌などの強制対流と区別するため，**自然対流** (natural convection) と呼ばれることもある．

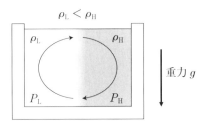

図 3-8 左右に密度の違う流体を入れた容器(仮想的な図).

3.3 節では外力により生じる強制対流，特に十分な撹拌効果が見込める乱流における固体と流体の界面付近の熱伝達について学んだ．ここでは，流れの駆動力が流体内部に存在し，比較的緩やかな流れも含まれる自然対流における固体と流体の界面での熱伝達について学ぶ．

第 2 章で学んだように，重力下で静止した流体中には流体の密度と高さに従って圧力が生じ，重力と圧力勾配からの生じる力がつり合っている．また，流体の密度と違う物質が流体中にあると浮力が生じることも学んだ．図 3-8 は，容器の左側には密度 $\rho_L$ の流体，右側には密度 $\rho_H$ の流体 ($\rho_L < \rho_H$) が配置されて，流体が静止している仮想的な図である．不均一な流体が仮想的に静止しているとして，単純に鉛直方向における流体中の圧力を考えると，容器の底付近では左側の圧力が右側の圧力よりも小さい．このような圧力分布では力はつり合わず流体にせん断力が作用して，流体が静止することはない．いうまでもなく，図中の矢印のように時計回りの自然対流が生じる．一方，自然対流は密度の違う流体を混ぜる効果があり，自然対流による混合は自然対流の駆動力を減少させる．つまり，温度分布は濃度分布とともに密度の不均一を通じて流れの駆動力になるが，流れは熱と物質を輸送するので温度分布や濃度分布を均一化する．流動と温度分布・濃度分布は相互に影響する関係になっており，流れと温度分布・濃度分布を切り離すことはできない．この点が，強制対流による熱伝達と違う点である．

自然対流には比較的緩やかな流れも含まれると説明したが，自然対流が層流とは限らない．むしろ，空間のスケールである代表長さにもよるが，多くの場合は乱流である．例えば，日常生活において湯を沸かすとき，沸騰前のやかん

3.5 自然対流による熱伝達 **103**

の中の流れは乱流になっている．水の線膨張係数は，30℃から90℃までにおよそ $3 \times 10^{-4}\,\mathrm{K}^{-1}$ から $7 \times 10^{-4}\,\mathrm{K}^{-1}$ まで変化し，概算で密度が 3% 減少する．この程度の密度変化でも流れは層流から乱流に遷移している．材料の相変態過程や製造プロセスにおいても，温度や濃度の不均一により流体の密度に不均一が生じることがあり，金属合金の融液や水溶液などを扱うプロセスでは自然対流が一般的に起こっている．材料を製造するプロセスにおいて流体の密度が不均一になる原因として，

- 冷却・加熱，相変態の潜熱により生じた流体中の温度分布
- 相変態の界面での構成元素のやりとりにより生じた濃度分布
- 電気化学反応により生じた電極近傍のイオン濃度分布

などが考えられる．

### 3.5.2 浮力

自然対流の駆動となる密度変化とその取り扱いについて学ぶ．温度 $T$ と組成 $C$ の関数である密度 $\rho$ について，基準となる組成，温度，そのときの密度をそれぞれ $C_0, T_0, \rho_0$ とすると，組成 $C$ と温度 $T$ の流体の密度 $\rho(C, T)$ は，

$$
\begin{aligned}
\rho(C, T) &= \rho_0 + \left(\frac{\partial \rho}{\partial C}\right)_0 (C - C_0) + \left(\frac{\partial \rho}{\partial T}\right)_0 (T - T_0) \\
&= \rho_0 [1 + \beta_{\mathrm{C}}(C - C_0) + \beta_{\mathrm{T}}(T - T_0)]
\end{aligned} \tag{3.71}
$$

と表される．組成，温度に対する**体積膨張率**(volumetric expansion rate) $\beta_{\mathrm{C}}$ と $\beta_{\mathrm{T}}$ は，それぞれ

$$
\beta_{\mathrm{C}} = \frac{1}{\rho_0}\left(\frac{\partial \rho}{\partial C}\right)_0, \quad \beta_{\mathrm{T}} = \frac{1}{\rho_0}\left(\frac{\partial \rho}{\partial T}\right)_0 \tag{3.72}
$$

と定義される．なお，添え字 0 は温度 $T_0$，組成 $C_0$ のときの偏微分の係数を示している．

組成，温度の関数である密度を運動量保存則であるナビエ–ストークスの式に取り込むと，

$$
\begin{aligned}
\frac{D}{Dt}[\rho(C, T)\boldsymbol{u}] &= \left[\frac{\partial}{\partial t}[\rho(C, T)\boldsymbol{u}] + (\boldsymbol{u}\cdot\nabla)[\rho(C, T)\boldsymbol{u}]\right] \\
&= -\nabla P + \mu\nabla^2\boldsymbol{u} + \rho(C, T)\boldsymbol{g}
\end{aligned} \tag{3.73}
$$

となる．2.7.5 項で学んだように，流れを知るためには厳密には密度の変化も考慮して流速 $u$ と圧力 $P$ を求める必要がある．しかし，これは煩雑かつ複雑な計算になるので，解を求めることが困難な場合も少なくない．そこで，2.7.5 項で学んだブシネスク近似を用いると，非圧縮性流体のナビエ-ストークスの式は次式になる．

$$\rho_0 \frac{Du}{Dt} = \rho_0 \left[ \frac{\partial u}{\partial t} + (u \cdot \nabla)u \right] = -\nabla P + \mu \nabla^2 u + [\rho(C,T) - \rho_0]g$$
$$= -\nabla P + \mu \nabla^2 u + \rho_0 [\beta_C(C-C_0) + \beta_T(T-T_0)]g \tag{3.74}$$

基準となる密度 $\rho_0$ からの偏差により生じる浮力を外力項として，右辺の第 3 項に導入し，それぞれ，体積膨張率と濃度あるいは温度の偏差で表される．

### 3.5.3 固体壁近傍の熱伝達

自然対流による垂直な固体壁と流体の界面近傍の二次元の熱の輸送を考える．簡単のため，ここでは一成分系を取り扱い，密度は温度のみに依存する．図 3-9 に示すように，固体(界面が重力方向と平行)と流体が配置され，かつ，等温の流体(密度 $\rho_0$) が静止しているとする．$x_1$ 軸方向について静止した流体の力学的つり合いを考えると，次式が成立する．

$$0 = -\frac{1}{\rho_0} \frac{\partial P}{\partial x_1} - g \tag{3.75}$$

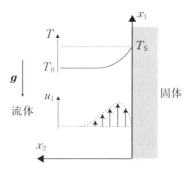

図 3-9　鉛直方向に平行な固体壁近傍の温度と流速の分布(模式図)．

3.5 自然対流による熱伝達　105

　次に，図3-9の配置において，固体と流体の温度差により定常の自然対流が
生じている状態を考える．$x_1$軸の負方向に作用している重力を考慮すると，
連続の式，ブシネスク近似を用いたナビエ-ストークスの式，熱エネルギーの
式はそれぞれ，

$$\frac{\partial u_1}{\partial x_1} + \frac{\partial u_2}{\partial x_2} = 0 \tag{3.76a}$$

$$u_1 \frac{\partial u_1}{\partial x_1} + u_2 \frac{\partial u_1}{\partial x_2} = -\frac{1}{\rho_0}\frac{\partial P}{\partial x_1} + \nu \frac{\partial^2 u_1}{\partial x_2^2} + g[1 + \beta_{\mathrm{T}}(T - T_0)] \tag{3.76b}$$

$$u_1 \frac{\partial T}{\partial x_1} + u_2 \frac{\partial T}{\partial x_2} = \alpha \frac{\partial^2 T}{\partial x_2^2} \tag{3.76c}$$

となる．ブシネスク近似を用いているので，式(3.75)の圧力勾配を式(3.76b)
に代入すると，ナビエ-ストークスの式は，

$$u_1 \frac{\partial u_1}{\partial x_1} + u_2 \frac{\partial u_1}{\partial x_2} = \nu \frac{\partial^2 u_1}{\partial x_2^2} + g\beta_{\mathrm{T}}(T - T_0) \tag{3.77}$$

のように，圧力勾配をなくして簡略化できる．ここで，$x_1$方向の代表長さを
$L$として，

$$u_1 \frac{\partial u_1}{\partial x_1} \sim \frac{u_1^2}{L} \tag{3.78}$$

が成り立つと仮定する．さらに，固体壁近傍では$x_2$方向の流れはわずかであ
り，次の関係が成立する．

$$|u_1| \gg |u_2| \tag{3.79}$$

　粘性によるせん断力は浮力に比べて小さいとすれば，ナビエ-ストークスの
式である式(3.77)と式(3.78)の近似から

$$\frac{u_1^2}{L} \sim g\beta_{\mathrm{T}}(T - T_0) = g\beta_{\mathrm{T}} \Delta T \tag{3.80}$$

と見積もられる．両辺の次元はいずれも加速度と同じであり，右辺の自然対流
の駆動力が固体壁近傍の流体を浮上させていることを示している．
　式(3.80)の左辺がレイノルズ数$Re$の2乗になるように式の変形を行うと次

106　第3章　熱の輸送

式のようになり，この無次元数は**グラスホフ数**(Grashoff number)$Gr$ と呼ばれ，

$$\left(\frac{u_1 L}{\nu}\right)^2 = \frac{g\beta_\mathrm{T}\, \Delta T L^3}{\nu^2} \equiv Gr \tag{3.81}$$

となる．グラスホフ数 $Gr$ は，レイノルズ数 $Re$ の2乗であり，当然，層流から乱流への遷移を示す指標であり，一般的に，層流から乱流への遷移は $Gr = 10^8 \sim 10^9$ で起こる．式(3.81)は，固体壁近傍の流れを示すグラスホフ数 $Gr$ が，重力加速度，体積膨張率，温度差，代表長さ，流体の動粘度と関係づけられることを示している．

　ここで，自然対流の流れの強さを示すグラスホフ数 $Gr$ と，運動量拡散と熱拡散の比であるプラントル数 $Pr$ の積を**レイリー数**(Rayleigh number)$Ra$ として定義すると，レイリー数 $Ra$ は，

$$Ra = Gr \cdot Pr = \frac{g\beta_\mathrm{T}\, \Delta T L^3}{\nu^2} \cdot \frac{\nu}{\alpha} = \frac{g\beta_\mathrm{T}\, \Delta T L^3}{\nu\alpha} \tag{3.82}$$

となり，レイリー数 $Ra$ は自然対流の強さと熱拡散の比を示す指標になる．強制対流における熱の輸送と同様に，式(3.76)は，グラスホフ数 $Gr$ とレイリー数 $Ra$ を用いて無次元化できる．したがって，固体壁近傍の流れと熱の輸送はグラスホフ数 $Gr$ とレイリー数 $Ra$ を用いて相似則を適用できると期待される．強制対流と同様に，実験や計算により，ヌッセルト数 $Nu$ がグラスホフ数 $Gr$ とレイリー数 $Ra$ の関数になることがわかれば，相似則から固体壁近傍の熱伝達係数，さらに熱の輸送を容易に評価できる．強制対流に比べて複雑ではあるが，無次元数を使った相似則は熱の輸送を評価する上で有用である．

## 3.6　放射伝熱

### 3.6.1　黒体放射

　図 3-10 のように，電磁波を透過しない物質に囲まれた空間(真空)に存在する電磁波について考える．電磁波の状態に影響しない十分に小さい観察窓 B があり，電磁波の振動数 $\nu$(波長 $\lambda = c/\nu$，$c$ は真空中の光速)とその強度を測

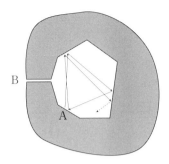

図3-10 閉空間における電磁波の放射,反射,吸収の模式図.

定できるようになっている.観察窓の影響はないので閉空間と見なせ,物質から放射される電磁波はこの空間内で反射が起こっても,最終的には閉空間内の物質に吸収される.この物体の温度を一定に保ち,閉空間を構成する物質と真空の空間に存在する電磁波が熱平衡状態になると,この状態での唯一の示強変数である絶対温度 $T$ が振動数 $\nu$ の分布を決定し,この振動数分布は,**黒体放射スペクトル**(blackbody radiation spectrum)と呼ばれる.絶対温度 $T$ における放射スペクトルを,振動数 $\nu \sim \nu + d\nu$ の電磁波の単位体積あたりのエネルギーである分光エネルギー密度 $e(\nu, T)d\nu$ を用いて表す.低振動数領域では,黒体放射の分光エネルギー密度 $e(\nu, T)d\nu$ は**レイリー-ジーンズの公式**(Rayleigh-Jeans law)に従い,次式で示される.

$$e(\nu, T)d\nu = \frac{8\pi\nu^2 k_B T}{c^3}d\nu \qquad (3.83)$$

ここで,$k_B$ はボルツマン定数である.高振動数の領域では,黒体放射の分光エネルギー密度 $e(\nu, T)d\nu$ は**ウィーンの公式**(Wien's law)に従い,次式で表される.

$$e(\nu, T)d\nu = \frac{8\pi h}{c^3}\exp\left(-\frac{h\nu}{k_B T}\right)\nu^3 d\nu \qquad (3.84)$$

ここで,$h$ はプランク定数で $h = 6.626 \times 10^{-34}$ J·s である.レイリー-ジーンズの公式とウィーンの公式は,それぞれ低振動数領域と高振動数領域のスペクトルをよく再現するが,振動数がこれらの中間領域ではいずれの公式も放射ス

108 第3章 熱の輸送

ペクトルを再現しない．レイリー–ジーンズの公式とウィーンの公式が見出された後に，すべての振動数領域の黒体放射スペクトルを説明できる**プランクの法則**（Planck's law）が理論的に導出された．プランクの法則によると黒体放射スペクトルは次式で表される．

$$e(\nu, T)\,d\nu = \frac{8\pi h}{c^3} \frac{1}{\exp\left(\dfrac{h\nu}{k_{\mathrm{B}}T}\right) - 1} \nu^3 d\nu \tag{3.85}$$

いうまでもなく，プランクの法則は，$h\nu$ が $k_{\mathrm{B}}T$ よりも十分に小さいときはレイリー–ジーンズの公式に，$h\nu$ が $k_{\mathrm{B}}T$ よりも十分に大きいときはウィーンの公式に一致する．

### 3.6.2 黒体炉

**黒体**（black body）とは，あらゆる波長の電磁波を完全に吸収し，逆にあらゆる波長の電磁波を放射できる物質である[*6]．現実には，黒体に近い物質でも，わずかに電磁波を反射したり，黒体放射スペクトルと一致しない波長領域があったりするので，黒体は仮想的な物質である．したがって，黒体放射スペクトルと一致した電磁波が平衡状態で存在する閉空間を形成するには工夫が必要である．

図 3-10 の物質の内壁で電磁波の反射だけでなく吸収も起こる場合について，閉じた空間における電磁波について考える．点 A から放射された電磁波は壁でいくらか吸収されて，残りの電磁波は反射される．このような内壁での吸収と反射が繰り返されることで，点 A から放射された電磁波はすべて内壁に吸収される．つまり，閉空間で放射されたすべての電磁波は閉空間内で吸収される．閉空間を構成する物質を一定の温度に保つと，いずれ閉空間では物質と真空に存在する電磁波の平衡状態が実現するはずである．

---

[*6] 黒体の定義はあくまでも電磁波を完全に吸収する物質である．温度が低い状態で観察窓 B から閉空間を覗くと，閉空間を構成する物質から可視光がほとんど放射されていないため真っ暗である．しかし，これは暗いだけで黒体とは関係しない．一般的には黒い物質でも電磁波の反射はある．

外部とのやりとりがない閉空間が熱平衡状態になれば，先に述べたようにこの閉空間に存在する電磁波は内壁の物質に関係せず，黒体放射スペクトルと一致するはずである．黒体ではない物質に囲まれた閉空間で，黒体放射スペクトルと一致する電磁波が存在することに疑問が生じるかもしれない．閉空間を構成する物体ではなく，真空の空間に平衡状態で存在する電磁波について熱力学的に考えると，前節で述べたように状態は示強変数である温度 $T$ のみで表されるはずである．つまり，絶対温度 $T$ が決まれば，閉空間の電磁波の放射スペクトルも一意に決まるはずであり，黒体放射スペクトルと一致すると結論づけられる．

ここまでの議論を踏まえると，十分に小さい観察窓 B が開いた炉を熱平衡状態に保つと，内部は黒体放射スペクトルと一致する電磁波が存在する．小さな観察窓 B から炉を覗くと黒体放射スペクトルが観測でき，このような炉は**黒体炉**(black body furnace)と呼ばれる．厳密には黒体は存在しないが，黒体放射スペクトルが再現できる黒体炉は，光学的に温度を測定する非接触温度計などの校正や光学機器の性能評価に利用でき，工学的に有益である．

### 3.6.3　プランクの法則

プランクの法則は，物理として重要な意味を持つと同時に，その導出は興味深い．まず，プランクの法則を導く前に少し電磁波のエネルギーについて考える．振動数 $\nu$ の電磁波の持つエネルギー $e$ が連続した値を取って熱的平衡状態になっているとすると，エネルギー $e$ の電磁波が存在する確率は，熱力学の第2法則から**ボルツマン分布**(Boltzmann distribution)に従うと考えられる．したがって，振動数 $\nu$ の電磁波の平均エネルギーは，

$$\overline{e_\nu}(\nu) = \int_0^\infty e \cdot \exp(-e/k_BT)\,de \Big/ \int_0^\infty \exp(-e/k_BT)\,de = k_BT \qquad (3.86)$$

となる．1自由度の状態にエネルギーが分配されるので統計力学に従っているが，明らかに式(3.85)のプランクの法則とは一致しない．そのため，黒体放射スペクトルをすべての振動数領域で再現するのは，単純にボルツマン分布を適用できない．

110    第3章　熱の輸送

　この課題は，電磁波のエネルギーの離散化により解決された．振動数 $\nu$ の電磁波の持つエネルギー $e_\nu$ は不連続の値しか取れず，エネルギーの素量が振動数 $\nu$ に比例する $h\nu$ と定義する．振動数 $\nu$ の電磁波のエネルギーは，この素量の整数倍しか許されないので，電磁波のエネルギー $e_\nu$ は正整数 $m$ を用いて，

$$e_\nu = mh\nu \tag{3.87}$$

で表すことができる．この離散化されたエネルギー $e_\nu$ に対してボルツマン分布を適用すると，基準エネルギーから $mh\nu$ だけ高い状態にある確率は $\exp(-mh\nu/k_\mathrm{B}T)$ である．したがって，振動数 $\nu$ の電磁波の平均エネルギー $\overline{e_\nu}(\nu)$ は，

$$\overline{e_\nu}(\nu) = \sum_{m=0}^{+\infty} mh\nu \cdot \exp(-mh\nu/k_\mathrm{B}T) \Big/ \sum_{m=0}^{+\infty} \exp(-mh\nu/k_\mathrm{B}T) \tag{3.88}$$

となる．等比級数の和を取ると，

$$\overline{e_\nu}(\nu) = \frac{h\nu}{\exp(h\nu/k_\mathrm{B}T)-1} \tag{3.89}$$

となる．これは**ボース–アインシュタイン分布関数**(Bose-Einstein distribution function)から求められるエネルギー準位 $h\nu$ を占有する粒子数とエネルギー準位 $h\nu$ の積であり，振動数 $\nu$ の電磁波の持つエネルギーの期待値といえる．どのようにしてこのような着想ができるのかは著者には想像すらできないが，プランクの法則を導出するために，電磁波のエネルギーの離散化が必須である．

　振動数が $\nu$ と $\nu + d\nu$ の範囲の電磁波の**状態数**(number of states)を考える．ここでは導出を容易にするため，長さ $L$ の直方体の閉空間に熱平衡で存在する電磁波を考える．電磁波は，周辺の物質表面において波動の節になっている定在波とすれば，$x_i$ 方向の波長 $\lambda_i$ と長さ $L$ は，正整数 $n_i$ を用いて，

$$\lambda_i = \frac{2L}{n_i} \quad (i = 1, 2, 3) \tag{3.90}$$

となる．このとき，原点から定在波の1周期分の波面は，それぞれ $x_i$ 軸の $(2L/n_i)$ を切片とした平面であり，原点からの距離である三次元空間での波長 $\lambda$ は，

$$\lambda = \frac{2L}{\sqrt{n_1^2 + n_2^2 + n_3^2}} \tag{3.91}$$

となる. したがって, 電磁波の振動数 $\nu$ は, 次の関係を満たす.

$$\nu = \frac{c}{\lambda} = \frac{c}{2L}\sqrt{n_1^2 + n_2^2 + n_3^2} = \frac{c}{2L}\sqrt{n^2} \tag{3.92}$$

式 (3.92) の関係は, 固体物理などでも登場し, $n^2 = n_1^2 + n_2^2 + n_3^2 = (2L\nu/c)^2$ となる正整数 $(n_1, n_2, n_3)$ の組み合わせが, 振動数 $\nu$ の状態数 $D(\nu)d\nu$ になる. $\nu = 0 \sim \nu$ までの状態数 $D(\nu)d\nu$ の積分は, 半径 $(2L\nu/c)$ の球内, かつ, $n_1, n_2, n_3 > 0$ の $(n_1, n_2, n_3)$ の格子点数に等しい. また, 電磁波の偏光面には 2 自由度があることを考慮すると, $\nu = 0 \sim \nu$ までの状態数 $D(\nu)d\nu$ の積分は,

$$\int_0^\nu D(\nu)d\nu = 2 \times \frac{1}{8} \times \frac{4\pi}{3}\left(\frac{2L\nu}{c}\right)^3 \tag{3.93}$$

となる. したがって, 状態数 $D(\nu)d\nu$ は,

$$D(\nu)d\nu = \frac{8\pi L^3}{c^3}\nu^2 d\nu \tag{3.94}$$

となる[*7].

以上の導出を用いると, 振動数が $\nu$ と $\nu + d\nu$ の範囲の電磁波の単位体積あたりのエネルギーである**分光エネルギー密度** (spectral energy density) $e(\nu, T)d\nu$ は, $\overline{e_\nu}(\nu)$ と $D(\nu)d\nu$ の積であり,

$$e(\nu, T)d\nu = \frac{1}{L^3}\overline{e_\nu}(\nu) \cdot D(\nu)d\nu = \frac{8\pi h}{c^3}\frac{1}{\exp\left(\dfrac{h\nu}{k_B T}\right) - 1}\nu^3 d\nu \tag{3.95a}$$

となり, プランクの法則が導かれる. 単位は $[\mathrm{J/m^3}]$ である. また, 波長 $\lambda = c/\nu$ の関数とすれば,

$$e(\lambda, T)d\lambda = \frac{8\pi hc}{\lambda^5}\frac{1}{\exp\left(\dfrac{hc}{\lambda k_B T}\right) - 1}d\lambda \tag{3.95b}$$

―――――――――――――

[*7] 「長さ $L$ の直方体の空間」に違和感があるが, 単位体積あたりの状態数は長さ $L$ に依存しない. $(n_1, n_2, n_3)$ の格子点の間隔が十分に小さければ, 空間の形状は問題ではない.

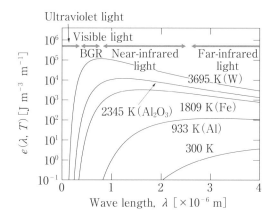

**図 3-11** 種々の温度における黒体照射スペクトル.

となる.なお,$d\nu$ を $d\lambda$ へ変換するときに $\lambda^{-2}$ 項が生じることに注意が必要である.

図 3-11 は,式(3.95b)から求めた,室温および Al,Fe,Al$_2$O$_3$,W の融点における黒体放射スペクトルである.室温付近の放射は遠赤外線が中心であるが,1000 K(700℃)付近から可視光(赤)も有意に放射され,人の目でも発光が認識できるようになる.さらに高温になると,可視光領域の中でも波長の短い電磁波も放射されるので,温度の増加とともに放射している物質の色が赤色,黄色,白色に変化することも理解できる.

### 3.6.4 黒体の分光放射輝度

空洞内で熱平衡にある電磁波について,振動数 $\nu$ と $\nu+d\nu$ の範囲の単位体積あたりのエネルギーである分光エネルギー密度 $e(\nu,T)d\nu$ を考えたが,熱輸送の観点では,単位面積,単位時間あたりに物質の表面から放射される電磁波のエネルギーが必要である.放射面の単位面積,単位時間,単位立体角あたりに黒体から放射される振動数 $\nu \sim \nu+d\nu$ の範囲の電磁波のエネルギーである**分光放射輝度**(spectral radiance),あるいは**分光放射強度**(spectral radiant intensity)$I(\nu,T)d\nu$ を導出する.$I(\nu,T)d\nu$ の単位は,SI 単位系において

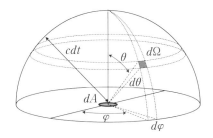

図 3-12 微小な面 $dA$ から放射される電磁波.

$[\mathrm{W/(m^2 \cdot sr)}]$（ステラジアン sr は立体角の単位）である．

図 3-12 は，微小な面 $dA$ から放射される電磁波を考えるための模式図である．微小時間 $dt$ の間に，面 $dA$ から微小な立体角 $d\Omega$ に向かう振動数 $\nu$ と $\nu + d\nu$ の範囲の電磁波のエネルギーは

$$I(\nu, T) \cdot (\cos\theta \, dA) \, d\Omega \, d\nu \, dt \tag{3.96}$$

となる．角度 $\theta$ は，面 $dA$ の法線と面 $dA$ から立体角 $d\Omega$ に向かうベクトルのなす角であり，天頂角と呼ばれる．$(\cos\theta \, dA)$ は面 $dA$ を立体角 $d\Omega$ に投影した面積であり，

$$d\Omega = \sin\theta \, d\theta \, d\varphi \tag{3.97}$$

である．立体角 $d\Omega$ に向かう単位体積あたりの分光エネルギー密度を $e_\Omega(\nu, T) d\nu$ とすると，時間 $dt$ の間に面 $dA$ から立体角 $d\Omega$ に向かって放射された電磁波は，円筒状の領域 $(cdt)(\cos\theta \, dA)$ の領域に存在するので，式 (3.96) の電磁波のエネルギーについて，

$$\begin{aligned}&I(\nu, T) d\nu \cdot d\Omega \cdot (\cos\theta \, dA) dt \\ &= e_\Omega(\nu, T) d\nu \cdot d\Omega \cdot (\cos\theta \, dA)(cdt)\end{aligned} \tag{3.98a}$$

の関係が成立する．つまり，

114    第3章　熱の輸送

$$I(\nu, T) = c \cdot e_{\Omega}(\nu, T) \tag{3.98b}$$

となる.

式 (3.98b) の分光エネルギー密度 $e_{\Omega}(\nu, T)d\nu$ を全立体角（全方位）にわたり積分した値は，分光エネルギー密度 $e(\nu, T)d\nu$ に等しい．電磁波のエネルギーの放射が等方的であるとすると，

$$e(\nu, T)d\nu = 4\pi e_{\Omega}(\nu, T)d\nu \tag{3.99}$$

となる．したがって，

$$I(\nu, T)d\nu = \frac{c}{4\pi} \cdot e(\nu, T)d\nu = \frac{2h}{c^2} \frac{1}{\exp\left(\dfrac{h\nu}{k_{\mathrm{B}}T}\right) - 1} \nu^3 d\nu \tag{3.100}$$

となる．これが，分光放射輝度 $I(\nu, T)d\nu$ $[\mathrm{W/(m^2 \cdot sr)}]$ で表現したプランクの法則である．

### 3.6.5　ステファン-ボルツマンの法則

式 (3.100) で示された分光放射輝度 $I(\nu, T)d\nu$ は，振動数 $\nu$ と $\nu + d\nu$ の範囲の電磁波の輝度であった．全振動数で積分することにより，放射面から単位時間，単位面積，単位立体角あたりに放射される電磁波のエネルギーを求めることができる．つまり，次式の解が放射される電磁波のエネルギーである．

$$\int_0^{\infty} I(\nu, T)d\nu = \frac{2h}{c^2} \int_0^{\infty} \frac{\nu^3}{\exp\left(\dfrac{h\nu}{k_{\mathrm{B}}T}\right) - 1} d\nu \tag{3.101}$$

ここで，$x = h\nu/k_{\mathrm{B}}T$ とすると，

$$\frac{2h}{c^2} \left(\frac{k_{\mathrm{B}}T}{h}\right)^4 \int_0^{\infty} \frac{x^3}{e^x - 1} dx = \frac{2k_{\mathrm{B}}^4 T^4}{c^2 h^3} \int_0^{\infty} \frac{x^3}{e^x - 1} dx \tag{3.102}$$

となり，この定積分を求めればよい．ここでは要点のみ記すと，等比級数の和の公式から，

$$\int_0^{\infty} \frac{x^3}{e^x - 1} dx = \int_0^{\infty} \frac{1}{e^x} \frac{x^3}{1 - e^{-x}} dx$$

$$= \int_0^\infty \frac{x^3}{e^x} (1 + e^{-x} + e^{-2x} + e^{-3x} + \cdots) \, dx \tag{3.103}$$

となる. ガンマ関数から導かれる関係[*8]である

$$\int_0^\infty x^n e^{-mx} dx = \frac{n!}{m^{n+1}} \tag{3.104}$$

を利用すると,

$$\int_0^\infty \frac{x^3}{e^x - 1} \, dx = \frac{\pi^4}{15} \tag{3.105}$$

となる. したがって,

$$\int_0^\infty I(\nu, T) \, d\nu = \frac{2\pi^4 h}{15 c^2} \left( \frac{k_B T}{h} \right)^4 \tag{3.106}$$

となる. 放射面からの全立体角 $\Omega$ にわたる積分は,

$$\int_\Omega (\cos\theta \, dA) \, d\Omega = dA \int_0^{\pi/2} \cos\theta \cdot \sin\theta \, d\theta \int_0^{2\pi} d\varphi = \pi dA \tag{3.107}$$

となるので, 放射面の単位面積, 単位時間あたりに放射させる電磁波の全エネルギー $I(T)$ は,

$$I(T) = \frac{2\pi^5 k_B^4}{15 c^2 h^3} T^4 = \sigma T^4 \tag{3.108}$$

となる. これは**ステファン-ボルツマンの法則**(Stefan-Boltzmann's law)と呼ばれ, $\sigma$ は**ステファン-ボルツマン定数**(Stefan-Boltzmann constant)と呼ばれる. また, 式(3.85)の電磁波の分光エネルギー密度を積分して全振動数の電磁波のエネルギー密度 $e(T)$ を

$$e(T) = \int_0^\infty e(\nu, T) \, d\nu = \frac{8\pi h}{c^3} \int_0^\infty \frac{\nu^3}{\exp\left( \dfrac{h\nu}{k_B T} \right) - 1} \, d\nu = \frac{8\pi^6 k_B^4 T^4}{15 c^3 h^3} \tag{3.109}$$

と求めることができる. なお, 単位は $[\mathrm{J/m^3}] = [\mathrm{N/m^2}]$ である.

ステファン-ボルツマンの法則より, 黒体の放射面から放射される電磁波のエネルギーは, 絶対温度 $T$ の4乗に比例するので, 高温になるほど放射が顕

---

[*8] 数学の教科書などで学習すれば導出過程を理解できる.

116　第3章　熱の輸送

著になる．多くの材料プロセスの温度はせいぜい 2000 K 以下であり，放射さ
れる電磁波は赤外線から可視光の領域であり，物質に対して熱的な寄与が主で
ある．つまり，電磁波の放射は熱輸送に寄与し，特に高温において，その寄与
は支配的になることも多い．

### 3.6.6　ステファン-ボルツマンの法則と熱力学

　ステファン-ボルツマンの法則から，黒体から放射される電磁波のエネル
ギーは絶対温度の 4 乗に比例することを学んだ．材料の精製，精錬，凝固，結
晶成長などの多くのプロセスは，高温での相変態・反応を制御しており，電磁
波の放射，反射，吸収が熱の輸送を担うことが少なくない．前節では，放射さ
れる電磁波のエネルギーを量子化することで，プランクの法則，さらにステ
ファン-ボルツマンの法則が導かれた．ここでは，電磁波を**光子**(photon)とし
て取り扱い，巨視的な状態量を用いる熱力学の視点からステファン-ボルツマ
ンの法則の温度依存性について考えてみる．

　式(3.95)で示された電磁波の分光エネルギー密度の単位は，単位体積あたり
のエネルギー［J/m$^3$］，あるいは単位面積あたりの力［N/m$^2$］であり，圧力
と同じ次元である．理想気体では，運動する分子が壁と弾性衝突して壁に作用
する力積から圧力が求められる．このような理想気体の分子運動と圧力の関係
から類推すると，電磁波においても運動量を持った光子が壁と弾性衝突する際
に圧力が生じると考えられる．一つの光子の運動量は $h\nu/c$ であり，単位時間
あたりの単位面積の壁に衝突する光子数と，その運動量変化の積が圧力にな
る．単位体積あたりに存在する光子数を $n(\nu)$ とすると，電磁波により生じる
圧力 $P$ は，全振動数 $\nu$ にわたり積分すると得られ，次式

$$P = \int_0^\infty \left( \frac{n(\nu)c}{6} \right) \left( \frac{2h\nu}{c} \right) d\nu = \frac{1}{3} \int_0^\infty n(\nu) \cdot h\nu \, d\nu = \frac{e(T)}{3} \equiv \frac{e}{3} \qquad (3.110)$$

となり，電磁波のエネルギー密度 $e(T)$ と圧力 $P$ との関係が求められる．積
分内の分母の 6 は，運動量が 6 方向($x_1, x_2, x_3$ のそれぞれの正負方向)に分配
されているためである．理想気体の分子運動で導出される分子 1 個あたりの平
均の運動エネルギー $e$ と圧力 $P$ の関係は，$P = (2/3)e$ である．この関係を比
べると，電磁波では圧力 $P$ がエネルギー密度 $e(T)$ の 1/3 になっている．

エネルギー密度 $e(T)$ の表現はすでに導出されているので，ここでは熱力学的考察を行う．熱力学の第 1 法則から，電磁波の内部エネルギー変化 $dE$，系に加えられた熱量 $TdS$（$S$ はエントロピー），系がなす仕事 $PdV$ には，

$$dE = TdS - PdV \tag{3.111}$$

が成り立つ．温度 $T$ を一定として両辺を体積 $V$ で微分すると，$e = \partial E/\partial V$ なので

$$e(T) = T\left(\frac{\partial S}{\partial V}\right)_T - P \tag{3.112}$$

となる．式 (3.110) とマクスウェルの関係式

$$\left(\frac{\partial S}{\partial V}\right)_T = \left(\frac{\partial P}{\partial T}\right)_V = \frac{1}{3}\left(\frac{\partial e}{\partial T}\right)_V$$

を，式 (3.112) に代入すると，

$$\frac{1}{e}\left(\frac{\partial e}{\partial T}\right)_V = \frac{4}{T} \tag{3.113}$$

が導かれる．系の体積を一定とし，電磁波のエネルギー $e(T)$ が絶対温度のみに依存するとすれば，式 (3.113) は常微分方程式になり，定数 $a$ を用いて，

$$e = aT^4 \tag{3.114}$$

の関係が得られる．このように，熱力学的考察からも黒体から放射される電磁波のエネルギーは絶対温度の 4 乗に比例することが導かれる．

### 3.6.7 灰色体

現実には，すべての振動数の電磁波を完全に吸収する黒体は存在せず，物質表面からの電磁波の放射と吸収は，その物質の電子構造を反映した複雑な振動数依存性を示す．このような振動数依存性を厳密に考慮して，電磁波による熱の輸送を解析することは困難である．黒体でない面を実在面と呼ぶが，現実的な実在面の取り扱いについて学習する．実在面の分光放射輝度 $I'(\nu, T)d\nu$ は，振動数に依存する**放射率**(emissivity)$\varepsilon(\nu, T)$ を用いて，

118　第3章　熱の輸送

$$I'(\nu, T)\, d\nu = \varepsilon(\nu, T) \cdot I(\nu, T)\, d\nu = \varepsilon(\nu, T) \cdot \frac{2h}{c^2} \frac{1}{\exp\!\left(\dfrac{h\nu}{k_{\mathrm{B}}T}\right) - 1}\, \nu^3 d\nu$$

$$(3.115)$$

と表現できる．例えば，金色，銀色，銅色など元素名で呼ばれる色は，元素固有の放射率 $\varepsilon(\nu, T)$ の振動数依存性が発色と関係している．

　一般的に，放射率 $\varepsilon(\nu, T)$ の振動数依存性は複雑であるが，熱の輸送を見積もる観点では単純化も必要である．そこで，放射率 $\varepsilon(\nu, T)$ を単純化する手法として**灰色体**(gray body)の取り扱いがある．灰色体では，放射率 $\varepsilon(\nu, T)$ は振動数に依存しない無次元の定数 $\varepsilon\,(0 < \varepsilon < 1)$ として取り扱い，実在面から放射される電磁波の全エネルギー $I'(T)$ を次式のように表す．

$$I'(T) = \varepsilon I(T) = \varepsilon \sigma T^4 \tag{3.116}$$

式(3.116)に示されるように，灰色体からの電磁波の放射は黒体からの電磁波の放射に比べて $\varepsilon$ 倍になっている．放射や反射による熱の輸送を解析する際に，放射率 $\varepsilon$ を一定とする取り扱いは有用であり，多くの実在面は灰色体として取り扱われる．

### 3.6.8　キルヒホッフの法則

　放射率が1ではない実在面では，電磁波の放射と吸収だけでなく，反射や透過も起こる．ここでは，実在面での放射，吸収，反射を考慮した熱エネルギーの輸送を学習する．図3-13のように，温度 $T$ で平衡状態[*9]にある灰色体(物質 A)と灰色体(物質 B)の無限平板間でやりとりされる電磁波のエネルギーについて考える．放射率，**吸収率**(absorptivity)をそれぞれ $\varepsilon$ と $\alpha$ として，灰色体の種類は下付きの添え字 A, B で示す．単位面積，単位時間あたりに物質 A の実在面から放射される電磁波のエネルギー $\varepsilon_{\mathrm{A}} \cdot I(T)$ のうち(これ以降，$I(T)$ は $I$ と略す)，物体 B の実在面でエネルギー $\alpha_{\mathrm{B}} \varepsilon_{\mathrm{A}} I$ が吸収され，残りのエネルギー $(1 - \alpha_{\mathrm{B}})\varepsilon_{\mathrm{A}} I$ が物体 A に向けて反射される．なお，$(1 - \alpha_{\mathrm{B}})$ を**反射率**

---

[*9]　熱力学的に系のギブズエネルギーが極小になっている平衡状態と示強・示量変数が時間変化しない定常状態を明確に区別すること．

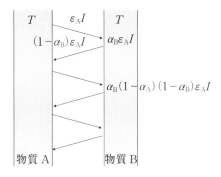

**図 3-13** 無限平板間での放射,吸収,反射による熱の輸送(模式図).

(reflectivity)と定義することもできる.物体 A の実在面でも反射された電磁波の吸収と反射が起こる.このように,物体 A と物体 B の実在面間で電磁波の吸収と反射が無限に繰り返されて,やがて物質 A の実在面から放射された電磁波は物体 A と物質 B に吸収される.物体 B の実在面から放射される電磁波についても同様である.

物体 A の実在面から放射されて物体 B の実在面で吸収される単位時間,単位面積あたりの電磁波のエネルギーは,等比級数の和を取ると次式となる.

$$\begin{aligned}E_{AB} &= \alpha_B \varepsilon_A I + \alpha_B(1-\alpha_A)(1-\alpha_B)\varepsilon_A I + \alpha_B(1-\alpha_A)^2(1-\alpha_B)^2 \varepsilon_A I + \cdots \\ &= \alpha_B \varepsilon_A I \sum_{i=1}^{\infty}[(1-\alpha_A)(1-\alpha_B)]^{i-1} \\ &= \alpha_B \varepsilon_A I \frac{1}{1-(1-\alpha_A)(1-\alpha_B)} = \frac{\varepsilon_A \alpha_B}{\alpha_A + \alpha_B - \alpha_A \alpha_B} I \end{aligned} \quad (3.117)$$

同様に,物体 B の実在面から放射されて物体 A の実在面で吸収される単位時間,単位面積あたりの電磁波のエネルギーは,

$$E_{BA} = \frac{\varepsilon_B \alpha_A}{\alpha_A + \alpha_B - \alpha_A \alpha_B} I \quad (3.118)$$

である.ここでは,温度 $T$ での平衡状態を仮定しているので,$E_{AB} = E_{BA}$ である.したがって,放射率と吸収率には次の関係が成立する.

$$\frac{\varepsilon_A}{\alpha_A} = \frac{\varepsilon_B}{\alpha_B} \quad (3.119)$$

ここまでの議論において，物体 A と物体 B の放射率や吸収率には何ら制約を設定していないので，物体 B が黒体であっても式(3.119)は成立する．物質 B が黒体であれば，$\varepsilon_B = \alpha_B = 1$ なので，

$$\varepsilon_A = \alpha_A \tag{3.120}$$

の関係が導かれる．この関係から，物質 A の実在面において，温度 $T$ における放射率 $\varepsilon$ と吸収率 $\alpha$ が等しいことが示された．このように，放射率 $\varepsilon$ と吸収率 $\alpha$ が等しくなる関係を**キルヒホッフの法則**(Kirchhoff's law)と呼ぶ．

キルヒホッフの法則によると，放射率が 1 に近い物質は吸収率も 1 に近く，電磁波を効率的に放射すると同時に吸収する．一方，放射率が小さい物質は電磁波の放射が少ないと同時に電磁波を効率的に反射する．放射により熱の輸送を妨げる遮蔽板に，光沢のある金属板が使用される理由が理解できる．

### 3.6.9 無限平板間の熱の輸送

キルヒホッフの法則の導出では，絶対温度が等しい無限平板間の平衡を考えたが，ここでは温度の異なる無限平板間の熱の輸送を考える．図 3-14 のように，温度 $T_1$，放射率 $\varepsilon_1$ の面 1 と温度 $T_2$，放射率 $\varepsilon_2$ の面 2 の 2 枚の無限平板が定常状態になっている．キルヒホッフの法則から面 1 と面 2 の吸収率 $\alpha_1, \alpha_2$ は，それぞれの放射率 $\varepsilon_1, \varepsilon_2$ と等しいので，吸収率についても放射率 $\varepsilon_1, \varepsilon_2$ を用いる．

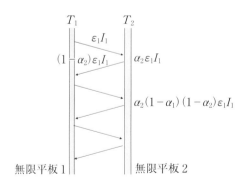

図 3-14 灰色体の無限平板間の電磁波による熱輸送．

3.6 放射伝熱　　121

　二つの面とも無限に広がる平板であるため，無限平板1から放射された電磁波は必ず無限平板2に届き，吸収と反射が起こる．逆も同様である．無限平板1から放射されて無限平板2で吸収される単位時間，単位面積あたりのエネルギー $q_{12}$ は，$I_1 = \sigma T_1^4$ を用いると，

$$q_{12} = \varepsilon_2 \varepsilon_1 I_1 + \varepsilon_2 (1 - \varepsilon_1)(1 - \varepsilon_2) \varepsilon_1 I_1 + \varepsilon_2 (1 - \varepsilon_1)^2 (1 - \varepsilon_2)^2 \varepsilon_1 I_1 + \cdots$$

$$= \varepsilon_2 \varepsilon_1 I_1 \sum_{i=1}^{\infty} [(1 - \varepsilon_1)(1 - \varepsilon_2)]^{i-1} = \frac{\varepsilon_1 \varepsilon_2}{\varepsilon_1 + \varepsilon_2 - \varepsilon_1 \varepsilon_2} \sigma T_1^4 \tag{3.121}$$

となる．同様に，無限平板2から放射されて無限平板1で吸収される単位時間，単位面積あたりのエネルギー $q_{21}$ は，$I_2 = \sigma T_2^4$ を用いると，

$$q_{21} = \frac{\varepsilon_2 \varepsilon_1}{\varepsilon_2 + \varepsilon_1 - \varepsilon_2 \varepsilon_1} \sigma T_2^4 \tag{3.122}$$

である．したがって，無限平板1から無限平板2への放射による正味の熱流束 $Q_{12}$ は，

$$Q_{12} = q_{12} - q_{21} = -\frac{\varepsilon_1 \varepsilon_2}{\varepsilon_1 + \varepsilon_2 - \varepsilon_1 \varepsilon_2} \sigma (T_2^4 - T_1^4)$$

$$= -\frac{1}{\varepsilon_1^{-1} + \varepsilon_2^{-1} - 1} \sigma (T_2^4 - T_1^4) \tag{3.123}$$

となる．無限平板1と無限平板2の放射率が異なっても，熱流束 $Q_{12}$ は単純に絶対温度の4乗の差に比例する．さらに，無限平板1と無限平板2の間で実質的な熱の輸送が起こらない平衡状態は，無限平板1と無限平板2の温度が等しくなると実現できる．平衡の条件が，放射率などの物性値に依存せず，示強変数である絶対温度のみで決定することも熱力学的には当然の結果である．

### 3.6.10　形態係数

　3.6.8，3.6.9項では無限平板間での熱の輸送を考えた．このような無限平板の幾何学的配置では，一つの平板から放射された電磁波はもう一方の平板に必ず届く．一方，現実の放射による熱の輸送では，いろいろな法線を有した有限の面間で起こる．したがって，幾何学的配置を定式化する必要がある．ここでは，幾何学的配置のみで決まる**形態係数**(configuration factor)について学

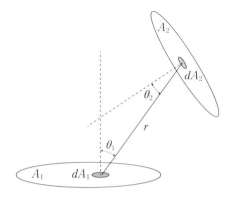

**図 3-15** 微小な面 $dA_1$ と微小な面 $dA_2$ 間の放射による熱輸送.

ぶ.

　図 3-15 のように，面積 $A_1$，温度 $T_1$ の黒体の面 1 から面積 $A_2$，温度 $T_2$ の黒体の面 2 への電磁波の放射による熱の輸送を考える．面 1 の微小な面 $dA_1$ から見た面 2 の微小な面 $dA_2$ の微小な立体角 $d\Omega_{12}$ と，面 1 の面 $dA_1$ を面 2 の面 $dA_2$ の方向に投影した微小な面 $dS_{12}$ はそれぞれ，

$$d\Omega_{12} = \frac{dA_2 \cos\theta_2}{r^2} \tag{3.124a}$$

$$dS_{12} = dA_1 \cos\theta_1 \tag{3.124b}$$

と表現できる．また，式 (3.107) で求めた立体角 $\pi$ を用いると，黒体である面積 $A_1$ の表面から放射される単位時間，単位面積，単位立体角あたりのエネルギーは，$\sigma T_1^4/\pi$ である．したがって，面 1 の面 $dA_1$ から面 2 の面 $dA_2$ へ輸送される単位時間あたりのエネルギー $d^2Q_{12}$ は，

$$d^2Q_{12} = \left(\frac{\sigma T_1^4}{\pi}\right)\frac{dA_1 \cos\theta_1\, dA_2 \cos\theta_2}{r^2} \tag{3.125}$$

となる．$d^2Q_{12}$ の肩付きの 2 は，微小な面から微小な面への熱の輸送であることを示している．面 1 と面 2 ともに黒体なのでこのエネルギーはすべて面 2 で吸収される．面積 $A_1$ と面積 $A_2$ について積分すると，

$$Q_{12} = (\sigma T_1^4)\int_{A_1}\int_{A_2}\frac{dA_1 \cos\theta_1\, dA_2 \cos\theta_2}{\pi r^2} \tag{3.126}$$

となる．また，面 1 から放射される全エネルギーを $Q_1$ とすると，

$$Q_1 = (\sigma T_1^4) A_1 \tag{3.127}$$

である．ここで，面 1 から面 2 への形態係数 $F_{12}$ を次式のように定義する．

$$F_{12} = \frac{Q_{12}}{Q_1} = \int_{A_1} \int_{A_2} \frac{dA_1 \cos\theta_1 \, dA_2 \cos\theta_2}{\pi r^2} / A_1 \tag{3.128}$$

この形態係数 $F_{12}$ と放射面の面積 $A_1$ を用いると，面 1 から面 2 への放射による単位時間あたりの熱の輸送量 $Q_{12}$ は，

$$Q_{12} = (\sigma T_1^4) A_1 F_{12} \tag{3.129}$$

のように簡単に表すことができる．面 2 から面 1 に着目すると，式 (3.125) の定義から，面 1 から面 2 への形態係数 $F_{12}$ と面 2 から面 1 への形態係数 $F_{21}$ には，次の関係が成立する．

$$A_1 F_{12} = A_2 F_{21} \tag{3.130}$$

また，$n$ 個の面により閉空間が形成されている場合，面 $i$ からの形態係数には次の関係がある．

$$\sum_{j=1}^{n} F_{ij} = 1 \tag{3.131}$$

入射した電磁波がすべて吸収される黒体の面であれば，以上のように幾何学的に決まる形態係数と面積から熱の輸送を解析できるが，灰色体の面になると，吸収だけでなく反射も起こるので，熱の輸送の解析は非常に複雑になることもある．

### 3.6.11　鏡面反射と拡散反射

3.6.10 項では空間に配置された黒体の面間での熱の輸送を考えたが，灰色体の面と見なす実在面間の熱の輸送では，入射した電磁波の反射を考慮する必要がある．灰色体の面では入射した電磁波の一部は反射され，入射するエネルギーに対する反射するエネルギーの比は放射率と等しく，放射率 $\varepsilon$ を用いて反

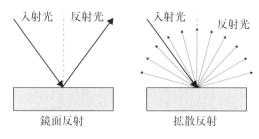

図 3-16　実在面間での電磁波の反射(模式図).

射係数を定義できた．反射係数は反射される電磁波の割合を示しているだけであり，熱の輸送ではどの向きの電磁波が反射されるかを把握する必要がある．

電磁波の反射には，**図 3-16** に示すように，**鏡面反射**(specular reflection)と**拡散反射**(diffuse reflection)といった形態がある．鏡面反射では入射光と面法線のなす角度と等しい方向に光が反射される．まさに理想的な平面の鏡の反射であり，反射した電磁波の行き先を追跡するのも比較的容易である．拡散反射では入射光と面法線のなす角度と等しい方向以外にも電磁波が反射される．特に**均等拡散反射**(uniform reflecting diffuser)では，幾何学的に放射が可能な立体角に対して均等に電磁波が放射されるので，煩雑な点はあるが反射を取り扱うことができる．完全な鏡面反射や均等拡散反射は理想的な反射形態であり，実在面は両極端な反射形態の中間的な反射を起こすので，反射の取り扱いは困難であることが多い．また，ここでは関係しないが，電磁波が物質を透過するときも，入射された電磁波がそのまま直進する面だけでなく，透過面で均等に放射される**均等拡散透過面**(uniform transmitting diffuser)もある．

現実の物質表面(実在面)では吸収だけでなく透過や反射が上記で述べたように面の形態に応じて起こる．キルヒホッフの法則の導出と同様に，電磁波が物質を透過することなく，表面に到達した電磁波の吸収と反射が起こる場合を考える．

**図 3-17** に示すように，面 1 から面 2 に照射された電磁波の一部が反射され，他の面に到達する．このように吸収と反射を繰り返しながら，最終的には熱エネルギーは各面に吸収される．電磁波の反射を評価するときには，前述した反射の形態を考慮する．さらに，厳密には平行平板での熱の輸送を計算した

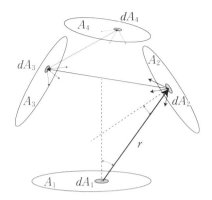

図 3-17　実在面間での電磁波による熱輸送の模式図.

ように無限等比級数のような計算が求められる．適切なところで計算を打ち切るとしても，反射率が高い面があると収束までに多くの計算を要する．したがって，正確な熱の輸送を知るためには，入射する電磁波の方向に基づいて反射される電磁波の強度分布を考慮し，さらに多数の面での反射の繰り返しも含めて計算する必要がある．現実には何らかの近似が必要となる．

### 3.6.12　ガス放射

　前節までは，固体あるいは液体の表面における電磁波の放射，吸収，反射を考えた．気体についても電磁波を透過するだけでなく，放射や吸収が無視できない場合があり，ガス(気体)の電磁波の放射を**ガス放射**(gas radiation)あるいは**ガス輻射**と呼ぶ．図 3-18 は，窒素分子 $N_2$ と二酸化炭素 $CO_2$ の分子とその振動を模式的に示している．**無極性分子**(nonpolar molecules)である窒素分子 $N_2$ では，まず結合による電気双極子と見なせるほどの非対称な電荷の移動はないし，窒素原子の位置が変化しても**対称伸縮振動**(symmetrical stretching vibration)のため電気双極子モーメントの変化もない．そのため，窒素分子 $N_2$ と電磁波の相互作用はほぼ無視できる．一方，炭素原子 1 個と酸素原子 2 個からなる二酸化酸素分子は，静止した状態では炭素原子と酸素原子間に電荷の移動があるがほぼ無極性分子である．3 原子の振動なので，対称伸縮振動と**非対称伸縮振動**(asymmetrical stretching vibration)のモードがある．対称伸縮振

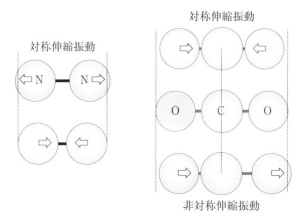

図 3-18　気体分子の対称伸縮と非対称伸縮.

動では電気双極子モーメントの大きさは変化しないので，電磁波とのエネルギーのやりとりは起こらない．しかし，非対称伸縮振動では電気双極子モーメントが変化するので，この振動数と一致する電磁波とエネルギーのやりとりが起こる．以上のように，窒素分子 $N_2$，酸素分子 $O_2$，He や Ar などの単原子分子気体では電磁波の吸収はわずかであるが，二酸化炭素分子 $CO_2$，水分子 $H_2O$，メタン $CH_3$ のように，極性が生じる気体分子では非対称伸縮振動を介して特定の振動数の電磁波を吸収したり，放出したりする．二酸化炭素分子などは，赤外線領域にある特定の振動数の電磁波を吸収や放射することが知られている．熱の輸送を担う赤外線領域の電磁波を放射や吸収すると，熱の輸送全体にも影響することがある．

　気体が電磁波を吸収する現象としてよく知られているのは，図 3-19 に示した地表付近におけるエネルギーの収支である．およそ 6000 K の太陽は，赤外線や可視光に加えて紫外線領域の電磁波を放射する．日常生活でも色褪せや日焼けなど紫外線の影響を実感しているはずである．太陽から放出された電磁波のなかで，大気に吸収されない電磁波が地上に到達し，大気が吸収したエネルギーは宇宙空間や地表に向けて放射される．300 K 程度である地表からは，3.6.3 項で学んだように，おもに赤外線領域の電磁波が放射される．太陽からの赤外線領域から紫外線領域の電磁波に比べて，地表からの赤外線領域の電磁

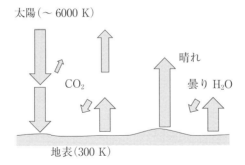

**図 3-19** 地表付近における電磁波によるエネルギーの輸送(模式図).

波は，二酸化炭素などの非対称伸縮振動する分子による吸収が大きくなる．図 3-19 の左側に示したように，地表の温度は，長期的には地表と大気との熱のやりとりが無視できるとすると，太陽から地表への熱の輸送と地表から宇宙空間への熱の輸送のバランスで決まる．したがって，赤外線領域の電磁波を吸収する気体の存在は地表の温度に影響する．

図 3-19 の右側は，夜間での地表からの電磁波の放射を模式的に示している．晴れの日には，地表から放射された電磁波が宇宙空間まで届くが，雲がある日は，地表から放射された電磁波は雲(気体である水蒸気と液体である水)で吸収され，一部は地表に向かって放射される．曇りの夜に比べて晴れの夜は気温が下がる放射冷却も日常で経験しているはずである．

材料を製造するプロセスにおいても，赤外線を吸収する分子を生成する反応があれば，生成した気体分子が電磁波の放射と吸収を起こすので，熱の輸送に影響する．さらに，固体の微粒子が生成する反応では，気体よりも効率的に放射や吸収を起こす微粒子が熱の輸送に影響することがある．このような反応系を含んだ材料の製造プロセスでは，複雑な熱の輸送過程を理解する必要がある．

## 3.7 相変態を伴う熱の輸送

### 3.7.1 蒸発を伴う熱の輸送

　液相のギブズエネルギーと，気相のギブズエネルギーが等しくなる**沸点**
(boiling point) $T_b$ におけるエンタルピー差が，**蒸発熱**(heat of evaporation)で
ある．

　表 3-2 に，いくつかの物質の沸点，蒸発熱，**定圧比熱**(specific heat at
constant pressure)を示している．比較的大きい蒸発熱を持つ水では，蒸発熱
を定圧比熱で割った値はおよそ 530 K であり，水の蒸発に要する熱量は，同
じ量の水を 500 K 加熱するのに必要な熱量と等しい．別の例として，断熱状態
で 1 kg の水の 1% である 10 g が蒸発すると，残りの 0.99 kg の水はおよそ 5.5
K 冷却される．相変態の潜熱は比較的大きく，特に原子・分子の結合が切断
される液相から気相への蒸発熱は大きい．このような蒸発熱の特徴を利用する
と効率的な熱の輸送を実現できる．

　図 3-20 は，水の蒸発と凝集を利用した熱の輸送の概念図である．容器の下
部には水があり，その外側には水の沸点以上の温度の冷却すべき物質，あるい
は熱源(以下，熱源)がある．容器の上部には，水蒸気を凝集させて水を容器の
下部に流す機構(以下，冷源)がある．熱源に加熱された水が水蒸気に相変態
し，同時に蒸発熱に相当する熱を熱源から奪う．容器下部で生成した水蒸気は
浮力により容器上部に移動するが，蒸発熱に相当するエネルギーを内部エネル

表 3-2　いくつかの物質の沸点，蒸発熱，
定圧比熱.

|  | 沸点<br>K | 蒸発熱<br>kJ/kg | 比熱(液相)<br>kJ/(kg·K) |
|---|---|---|---|
| 水 | 373 | 2250 | 4.2 |
| エタノール | 353 | 840 | 2.4 |
| 窒素 | 77 | 213 | 1.0 |
| ヘリウム | 4.2 | 20 | 5.2 |

## 3.7 相変態を伴う熱の輸送

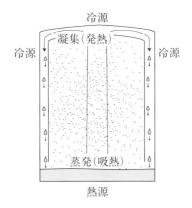

図 3-20 相変態を伴う熱の輸送(模式図).

ギーとして輸送する．冷源では上昇してきた気体から熱を奪って水蒸気から水への相変態が起こる．下部での蒸発により熱の吸収と上部での凝集による発熱は，下部から上部への熱の輸送であり，外部からの駆動を必要としないサイクルで動作する．このような蒸発と凝集を利用した熱の輸送の機構は，撹拌装置やポンプなどの外部の機器を必要としない特徴がある．

例として，$H_2O$(水)の液体と気体を利用した熱輸送を考える．先に述べたように水の蒸発に伴う潜熱と定圧比熱は，それぞれ $2.3 \times 10^3$ kJ/kg，4.2 kJ/(kg·K) であり，下部で 1 kg の水を蒸発させるのに必要な熱量は，水 1 kg をおよそ 540 K 加熱するのに必要な熱量に等しい．原子・分子の結合が切断される液相から気相への蒸発過程における潜熱は大きい．そのため，潜熱の吸収と放出を伴う熱輸送は効率的な熱輸送になることがある．

エアコンなどの空調機器や冷蔵庫・冷凍庫では，気相と液相の平衡関係が圧力に依存することを利用して，圧縮による液化と膨張により気化の過程を通じて外気温よりも低温の冷源を作り出しているが，これも相変態を伴う熱の輸送の一つといえる．

## 3.7.2 沸騰現象

図 3-20 に示された装置の下部では液相の蒸発が起こるが，液体が沸騰するときの熱の輸送について学習する．ここでは，熱源となる物質が通過するパイプが流体中に設置されている簡単な配置で考える．**図 3-21** は，水の**蒸発曲線**(boiling curve)の模式図であり，縦軸に熱源と沸騰する流体間の熱流束，横軸に流体に熱を伝える固体壁の温度と流体の沸点との差である**過熱度**(superheat)$\Delta T_{sat}$ を取っており，両対数のグラフである．ただし，図 3-21 はあくまでも模式図であり，定量性はない．このような蒸発曲線は，この関係を初めて明らかにした研究者の名前から抜山曲線と呼ばれることもある．

固体壁の温度が沸点よりわずかに高い温度は非沸騰領域と呼ばれ，沸騰が起こらずに自然対流による熱の輸送が起こる．自然対流による熱の輸送で学んだように，熱の輸送量は相対的に低く，過熱度の増加とともにゆっくり熱流束も増加する．さらに，固体壁の温度が上昇すると**核沸騰**(nucleate boiling)が起こる核沸騰領域(A-B 間)となり，固体壁と流体の界面での熱流束が急激に上昇する．流体の蒸発熱により固体壁からの熱の輸送とともに，気泡の上昇に伴う

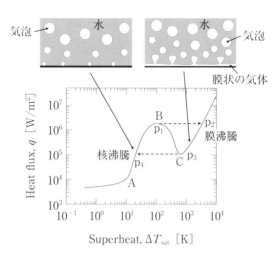

**図 3-21** 核沸騰と膜沸騰の様子，水の蒸発曲線(模式図)．縦軸・横軸とも定量性はない．

## 3.7 相変態を伴う熱の輸送 131

流れも熱流束の増加に寄与している．ただし，ある過熱度以上では沸騰により生成した気泡の量が増えて熱流束の増加速度も低下し，熱流速は B 点で極大になる．さらに，過熱度が大きくなると固体壁に発生する気泡が非常に多くなり，固体壁が水蒸気の膜で覆われる部分も増加する．気体の熱伝導率は低いため，過熱度の増加に伴って熱流束が低下する**遷移沸騰**(transition boiling)領域(B-C 間)になる．やがて過熱度の増加に伴い**膜沸騰**(film boiling)が起こる膜沸騰領域になり，膜状の水蒸気と流体界面でも水蒸気が核生成して熱流束は再び増加する．

図 3-21 のような沸騰曲線では，**バーンアウト**(burnout)と呼ばれる現象が起こる．固体壁と流体間の熱流束を制御パラメータとして，0 から徐々に増やしていくと，A 点で核沸騰が起こり，B 点に達する．さらに熱流束を増加させると，熱流束を確保できないので固体壁の温度が上昇する．流体に加えられた熱を輸送するために過熱度が $p_1$ 点から $p_2$ 点に遷移する．これをバーンアウトと呼ぶ．バーンアウトにより B 点以上の熱流束は確保できるが，図 3-21 では固体壁の温度が 1000 K 以上上昇している．固体壁の材料がこの温度上昇に耐えられないような冷却装置では，バーンアウトは許容されない．逆に，膜沸騰領域から徐々に熱流束を減らして C 点に達すると，過熱度は $p_3$ 点から $p_4$ 点に遷移し，固体壁の温度は急激に減少する．このように核沸騰と膜沸騰との遷移は非線形な現象である．

## 演習3

【1】 熱の輸送について,次の問いに答えよ.
(1)非定常状態,定常状態,平衡状態についてそれぞれ説明せよ.
(2)定常状態であるが,平衡状態ではない例を根拠も示してあげよ.

【2】 自発的な熱の輸送は,必ず高温側から低温側に向けて起こる.その理由を説明せよ.

【3】 次の非圧縮性流体のエネルギー保存の式を導け.ただし,$T$は温度,$u$は流速ベクトル,$\rho C_p$は単位体積あたりの定圧比熱,$\lambda$は流体の熱伝導率,$\dot{Q}$は単位体積,単位時間あたりの発熱量である.

$$\rho C_p \left[ \frac{\partial T}{\partial t} + (\boldsymbol{u} \cdot \nabla) T \right] = \lambda \, \mathrm{div}[\mathrm{grad}\, T] + \dot{Q} \tag{3e.1}$$

【4】 一次元の熱伝導方程式 $\partial T/\partial t = \alpha(\partial^2 T/\partial x_1^2)$ に基づいて低温の液体中に挿入された,高温の板の温度分布の時間変化を模式的に示せ(図 3e-1 参照).

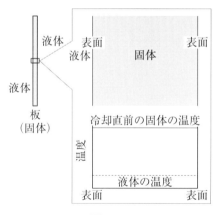

図 3e-1

【5】 厚さ$D$の無限平板の表面の温度をそれぞれ$T_{\mathrm{IN}}$,$T_{\mathrm{OUT}}$に保持して定常状態になっている.ただし,$T_{\mathrm{IN}} > T_{\mathrm{OUT}}$である.次の問いに答えよ.
(1)無限平板内の温度分布を示せ.$x_1$軸を厚さ方向に取り,温度が$T_{\mathrm{IN}}$の

表面を $x_1=0$, 温度が $T_{OUT}$ の表面を $x_1=D$ とする.
(2) 無限平板を通過する熱流束を求めよ. 必要に応じて物性値を定義すること.

【6】 次に示す, 円柱座標系における非圧縮性流体のエネルギー保存の式を直交座標系で導出したように, 検査体積の熱エネルギーの収支から導出せよ. ただし, 物性値の温度依存性は無視できる. $\alpha$ は熱拡散率である.

$$\frac{\partial T}{\partial t}+u_r\frac{\partial T}{\partial r}+\frac{u_\theta}{r}\frac{\partial T}{\partial \theta}+u_3\frac{\partial T}{\partial x_3}=\alpha\left[\frac{1}{r}\frac{\partial}{\partial r}\left(r\frac{\partial T}{\partial r}\right)+\frac{1}{r^2}\frac{\partial^2 T}{\partial \theta^2}+\frac{\partial^2 T}{\partial x_3^2}\right]+\frac{\dot{Q}}{\rho C_p} \tag{3e.2}$$

【7】 次に示す, 球座標における固体のエネルギー保存の式を導出せよ. $\rho C_p$ は単位体積あたりの比熱であり, $\lambda$ は熱伝導率である.

$$\rho C_p \frac{\partial T}{\partial t}=\frac{1}{r^2}\frac{\partial}{\partial r}\left(\lambda r^2\frac{\partial T}{\partial r}\right)+\frac{1}{r^2 \sin \phi}\frac{\partial}{\partial \theta}\left(\lambda \frac{\partial T}{\partial \theta}\sin \theta\right)$$
$$+\frac{1}{r^2 \sin^2 \phi}\frac{\partial}{\partial \phi}\left(\lambda \frac{\partial T}{\partial x_3}\right)+\dot{Q} \tag{3e.3}$$

【8】 内径 $2R_1$, 外径 $2R_2$ のパイプの内部には, 温度 $T_1$ の流体, 外部には温度 $T_2(T_1>T_2)$ の流体が十分な流速で流れており, パイプの内壁と外壁の温度が, それぞれ $T_1$ と $T_2$ に保たれた定常状態である (図 3e-2). このときのパイプの温度分布 $T(r)$, パイプの内部から外部に輸送される熱流束 $Q$ を求めよ. ただし, パイプの熱伝導率, 単位体積あたりの定圧比熱はそれぞれ $\lambda, \rho C_p$ である.

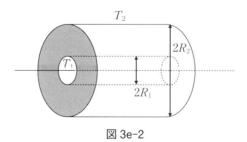

図 3e-2

【9】 中空の球 (球殻, 内径 $R_{IN}$, 外径 $R_{OUT}$) の内側と外側の温度が, それぞれ $T_{IN}, T_{OUT}$ に保持されている (定常状態). ただし, $T_{IN}>T_{OUT}$ である

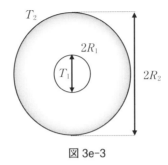

図 3e-3

(図 3e-3). 球の材質は［8］のパイプと同じである.
(1) 中空の球の温度と中心からの距離の関係を求めよ.
(2) 中空の内側から外側へ輸送される熱量を求めよ.
(3) 中空の内側における熱流束を求めよ.

【10】 演習［5］,［8］,［9］を比較し,温度 $T_{IN}$ の流体を冷却する場合,平板,パイプ,球殻のいずれが有利か.また,その理由を述べよ.

【11】 実質微分を用いた熱の輸送の支配方程式である連続の式(質量保存),ナビエ-ストークスの式,エネルギー保存の式について,次の問いに答えよ.

$$\nabla \cdot \boldsymbol{u} = 0 \tag{3e.4}$$

$$\rho \frac{D\boldsymbol{u}}{Dt} = -\nabla P + \mu \nabla^2 \boldsymbol{u} + \rho \boldsymbol{g} \tag{3e.5}$$

$$\rho C_p \frac{DT}{Dt} = \lambda \nabla^2 \boldsymbol{T} \tag{3e.6}$$

(1) 代表長さ $L$,代表速度 $u_0$,代表圧力 $\rho u_0^2$,代表温度 $T_0$ を用いて,上式を無次元化し,熱の輸送においてレイノルズ数 $Re$,プラントル数 $Pr$ をパラメータとした相似則が成立することを示せ.
(2) 流体と固体の界面領域における熱伝達について,ヌッセルト数 $Nu$ が,レイノルズ数 $Re$,プラントル数 $Pr$ の関数として表されることがある.このような関数を用いる根拠を簡単に説明せよ.

【12】 図 3e-4 のように 3 種類の物質を重ねた無限平板があり,それぞれの板の間には間隙があるため熱抵抗が存在し,板間の熱輸送は熱伝達である.また,3 枚の板の左側と右側はそれぞれ撹拌した流体と熱のやりとりをしてお

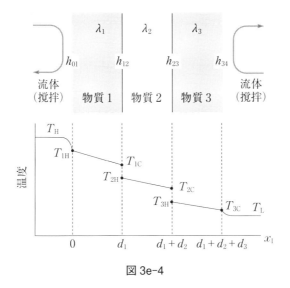

図 3e-4

り，熱伝達として取り扱える．物性値などは図中に記入．
(1) 定常状態になったとき，左から右に輸送される熱流束は一定である．これを利用して無限平板を通過する熱流束 $q$ を求めよ．
(2) 各界面での温度 $T_{1H}, T_{1C}, T_{2H}, T_{2C}, T_{3H}, T_{3C}$ を求めよ．
(3) 定常状態において 3 枚の平板を通過する熱流束 $q$ は，高温側と低温側の流体の温度 $T_H, T_L$ を用いて，

$$q = -h'(T_L - T_H) \tag{3e.7}$$

と表すことができる．総括伝熱係数 $h'$ の逆数を，熱伝導率，熱伝達係数，平板厚さなどを使って表せ．

**【13】** 図 3e-5 のように，無限平板の両側を流動させた流体 (水，空気など) で冷却したときの板内の温度分布と板と流体の温度差について，以下の境界条件などに基づいて問いに答えよ．ただし，無限平板の厚さを $D$，密度を $\rho$，単位体積あたりの定圧比熱を $\rho C_p$，熱伝導率を $\lambda$ とし，固体と流体間の熱伝達係数を $h$ とする．定常状態における板内の温度差と板表面とそこから十分に離れた流体の温度差をそれぞれ $\Delta T_S, \Delta T_F$ とする．

条件 1：板の厚さ方向の中心の温度は $T_S$ であり，一定に保持されている．

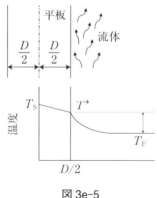

図 3e-5

条件2：板中の温度勾配は一定である．
条件3：流体の温度を $T_F$ として，一定に保持されている．
(1) 平板内の厚さ方向の熱流束を求めよ．
(2) 平板と流体間の熱流束を求めよ．
(3) $\Delta T_S \ll \Delta T_F$ のとき，板と流体の熱伝達が冷却を律速していると判断できる．板と流体の熱伝達が板の冷却を律速する条件を示せ．

【14】 強制対流下における流体と球の熱伝達は，

$$Nu = 2 + 0.6 Re^{1/2} \cdot Pr^{1/3}$$
$$1 < Re < 380, \ 0.6 < Pr < 380 \tag{3e.8}$$

で表される*．温度が0℃，流速が10 m/sの空気を初期温度300℃の鉄球(直径 $D=1\,\mu m$, $10\,\mu m$, $0.1\,mm$, $1\,mm$, $10\,mm$ の5種類)に吹き付けたときの鉄球の冷却を考える(図 3e-6)．

* W. E. Ranz and W. R. Marshall, Jr.: Chem. Eng. Prog., **48**(1952), 141.

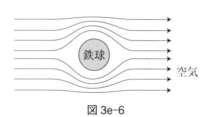

図 3e-6

（1）冷却開始時において鉄球内の熱輸送ではなく，鉄球と空気の間の熱熱伝達が律速する条件を導出せよ．
（2）5種類の直径の鉄球について，それぞれ鉄球と空気の間の熱伝達が律速しているかどうかを判断せよ．概算でよいが，その根拠を示すこと．
（注1）$Re$ の代表長さを球の直径とする．
（注2）空気の密度，比熱，粘度，熱伝導率は，それぞれ $1.2\,\mathrm{kg/m^3}$, $1.0\,\mathrm{kJ/(kg \cdot K)}$, $1.8 \times 10^{-5}\,\mathrm{Pa \cdot s}$, $0.026\,\mathrm{W/(m \cdot K)}$ とする．
（注3）鉄の密度，比熱，熱伝導率は，それぞれ $7.8 \times 10^3\,\mathrm{kg/m^3}$, $0.45\,\mathrm{kJ/(kg \cdot K)}$, $80\,\mathrm{W/(m \cdot K)}$ とする．

【15】 恒星の半径を $R_S$，惑星の半径を $R_E$，恒星と惑星の距離を $L$ とする．黒体と見なせる恒星の温度を $T_S$，ステファン-ボルツマン係数を $\sigma$ とする（図 3e-7）．
（1）恒星が単位時間あたりに放射する電磁波のエネルギーを求めよ．
（2）惑星全体に達する電磁波のエネルギーを求めよ．
（3）惑星の地表において，単位時間，単位面積あたりに到達するエネルギーの最大値を求めよ．ただし，地表の法線方向から電磁波が入射する場合，電磁波のエネルギーは最大になる．
（4）太陽，地球の半径は，それぞれ $7 \times 10^8\,\mathrm{m}$, $6.4 \times 10^6\,\mathrm{m}$ であり，太陽と地球の距離は $1.5 \times 10^{11}\,\mathrm{m}$ である．太陽の表面温度を $5800\,\mathrm{K}$ とする．地表に届く単位時間，単位面積あたりの電磁波のエネルギーの最大値を求めよ．

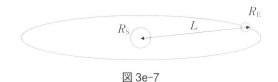

図 3e-7

【16】 断熱のため，2枚の灰色体の無限平板がわずかな隙間 $\delta$ を挟んで配置されている．板1(放射率 $\varepsilon_1$)，板2(放射率 $\varepsilon_2$)の温度をそれぞれ $T_1, T_2$ とする（図 3e-8）．隙間には真空あるいは気体が充填されている．隙間は十分に小さいので気体の流れは無視でき，気体の熱伝導のみを考える．

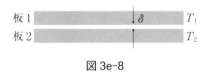

図 3e-8

(1) 隙間が真空のときの板1から板2の熱流束 $q_{vac}$ を求めよ.
(2) 隙間に熱伝導率 $\lambda$ の気体が充填されているときの熱流束 $q_{gas}$ を求めよ. また,放射伝熱と気体の伝導伝熱をそれぞれ求めよ.
(3) 断熱には,熱流束 $q_{vac}$ あるいは $q_{gas}$ を小さくすることが求められる. 断熱に求められる放射率 $\varepsilon_1, \varepsilon_2$ の条件を求めよ.
(4) 隙間 $\delta$ を 100 μm として,表 3e-1 の条件のときの板1から板2の熱流束を求めよ.

表 3e-1

| 条件 | $T_1$ | $T_2$ | $\varepsilon_1$ | $\varepsilon_2$ | 間隙 |
|---|---|---|---|---|---|
| 1 | 100 ℃ | 20 ℃ | 1.0 | 1.0 | 真空 |
| 2 | 100 ℃ | 20 ℃ | 0.1 | 0.1 | 真空 |
| 3 | 100 ℃ | 20 ℃ | 0.1 | 0.1 | 空気 [0.025 W/(m·K)] |
| 4 | 100 ℃ | 20 ℃ | 0.1 | 0.1 | ヘリウム [0.15 W/(m·K)] |

【17】 平行平板間の熱の輸送について,次の問いに答えよ (図 3e-9).
(1) 図(a)では2枚の灰色体の無限平板(いずれの板も放射率は $\varepsilon$)が平行に配置されており,板Aと板Bの温度はそれぞれ $T_A, T_B$ で一定に保持されている.ただし,$T_A > T_B$ である.定常状態における板Aから板Bへの熱流束 $q_{AB}$ を求めよ.
(2) 図(b)のように,放射率 $\varepsilon$ の薄い板が挿入された場合の定常状態における板Aから板Bへの熱流束 $q_{AB}^{(1)}$ を求めよ.
(3) 図(c)のように,放射率 $\varepsilon$ の薄い板が2枚挿入された場合の定常状態における板Aから板Bへの熱流束 $q_{AB}^{(2)}$ を求めよ.
(4) 図(d)のように,放射率 $\varepsilon$ の薄い板が $n$ 枚挿入された場合の定常状態における板Aから板Bへの熱流束 $q_{AB}^{(n)}$ を求めよ.

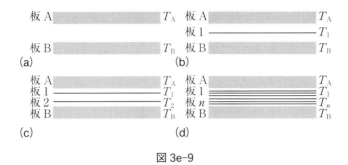

図 3e-9

【18】 真空中，あるいは，温度が 0 ℃，流速が 10 m/s の空気中で初期温度 1400 ℃ の鉄球（直径 $D = 1\,\mu\text{m} \sim 0.5\,\text{mm}$）の冷却を考える（図 3e-10）．なお，鉄球が配置された容器の内面は黒体と見なせ，かつ，十分に低い温度に保たれているため，容器の内面からの放射や反射による熱の輸送は無視できる．また，鉄球内は均一な温度と見なしてよい．鉄球について，密度，比熱，熱伝導率は，それぞれ $7.8 \times 10^3\,\text{kg/m}^3$，$0.45\,\text{kJ/(kg·K)}$，$80\,\text{W/(m·K)}$ であり，放射率は 0.5 である．空気について，密度，比熱，粘度，熱伝導率は，それぞれ $1.2\,\text{kg/m}^3$，$1.0\,\text{kJ/(kg·K)}$，$1.8 \times 10^{-5}\,\text{Pa·s}$，$0.026\,\text{W/(m·K)}$ とする．また，強制対流下における流体と球の熱伝達は，

$$Nu = 2 + 0.6 Re^{1/2} \cdot Pr^{1/3}$$
$$1 < Re < 380,\ 0.6 < Pr < 380 \tag{3e.9}$$

で表される．

\* W. E. Ranz and W. R. Marshall, Jr.: Chem. Eng. Prog., **48**(1952), 141.

（1）鉄球が真空中に置かれているとき，1400 ℃，1000 ℃，600 ℃，200 ℃ における冷却速度を求めよ．

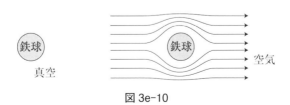

図 3e-10

(2) 鉄球が空気中に置かれているとき，1400℃，1000℃，600℃，200℃における冷却速度を求めよ．放射と熱伝達を考慮すること．

(3) (1)と(2)を比較し，放射による熱の輸送，熱伝達の熱の輸送への寄与を説明せよ．

**【19】** 地上に設置された平板の温度は，平板からの放射伝熱，太陽も含めた宇宙空間や雲からの放射による熱の輸送があるため，周辺の気温と一致するとは限らない．

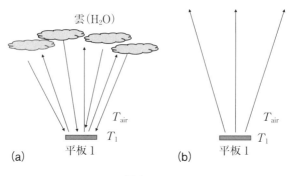

図 3e-11

図 3e-11(a) のように曇りの夜における平板の温度 $T_1$ は，1) 平板と周辺の大気(気温 $T_{air}$)との熱伝達，2) 平板から雲への放射伝熱，3) 雲から平板への放射伝熱の熱収支により決まる．一方，図 3e-11(b) のように，快晴の夜では雲からの放射伝熱がなく，大気および宇宙からの放射伝熱が無視できるとすれば，平板の温度 $T_1$ は 1) 平板と周辺の大気(気温 $T_{air}$)との熱伝達，2) 平板から上空への放射伝熱の熱収支により決まる．ここでは，平板は灰色体として，放射率を $\varepsilon$ とし，平板の上面からの放射のみを考慮する．さらに，大気と平板間の熱伝達係数を $h$ とし，平板の上面での熱伝達のみを考慮する．平板は鉄製で大きさは 1 m×1 m とし，物性値が必要であれば，[18]の値を参考にすること．

(1) 快晴の夜における平板の温度 $T_1$ を求めよ．

(2) 平板の放射率 $\varepsilon$ が 1，平板と大気の間の熱伝達係数 $h$ を $10\ \mathrm{W/(m^2 \cdot K)}$ とすると，平板の温度 $T_1$ が 0℃以下になるための気温 $T_{air}$ を求めよ．

参考：気温が氷点下にならない場合でも，車の窓ガラスの表面などで水が凍結することがある．

**4**

---
# 第 4 章

# 物質の輸送

---

## 4.1 物質の輸送における物理量

### 4.1.1 濃度・組成，速度，流束

　水 100 cc にエタノール 20 cc を混ぜると，混合物の体積は 120 cc 未満になることはよく知られているが，この現象からわかるように体積は保存量ではない．一方，第 2 章や第 3 章で学んだ通り，保存量である運動量や熱エネルギーの保存則は，オイラーの方法のように空間を基準に座標系を定義しており，検査体積における収支から保存の式が導かれた．つまり，体積を基準にして保存量を考えている．また，第 2 章のほとんどは非圧縮性流体を取り扱ったので，密度や体積の変化を陽に取り扱う必要はなかった．さらに，熱や物質の輸送に関しても，体積をあたかも保存量のように取り扱っても致命的な問題が生じない場合も少なくない．しかし，**濃度**(concentration)や**組成**(composition)などの基盤的な量については，改めて保存量と非保存量を意識して学習するのが望ましい．

　第 3 章では，保存量として内部エネルギーも含めたエネルギーに保存則を適用して，熱の輸送を解析するための偏微分方程式が導かれた．本章で取り扱う物質の輸送についても，保存則から偏微分方程式が導出されて解析に用いられる．熱と物質の輸送に関する基礎方程式は本質的に同じ原理に基づいており，熱の輸送を理解できていれば物質の輸送の理解は容易である．

　濃度や組成は日常的に使われるが，ここでは濃度と組成について再確認する．濃度や組成において基準となるのは，保存量である**質量**(mass)［kg］あるいは**物質量**(amount of substance)［mol］である．濃度は，基準とする体積，質量，物質量の中に存在する成分の量を示す．例えば，物質の単位体積あたりに含まれる成分の質量である**質量濃度**(mass concentration)［kg/m³］，

141

142 　第 4 章　物質の輸送

物質の単位体積あたりに含まれる成分の物質量である**モル濃度**(molar concentration)[mol/m$^3$]のように，体積を基準にした濃度として頻繁に使われる．また，1リットルに含まれる成分の質量［mg/l］など，派生した表現も多くある．狭義には物質の単位体積あたりに存在する成分の量が濃度である．一方，広義には物質の単位質量あたりに含まれる成分の質量［kg/kg］，物質の単位物質量あたりに含まれる成分の物質量［mol/mol］も濃度と定義できる．これらはそれぞれ**質量分率**(mass fraction)[−]，**モル分率**(mole fraction)[−]なので，組成と呼ぶほうが一般的かもしれない．このように濃度と組成の境界は明確ではなく，一般的には取り扱う事象に便利な表現が選択される．例えば，Fe-18 mass%Cr-8 mass%Ni ステンレス鋼のように，高濃度合金中の物質の輸送を考える場合には，濃度と組成をそれほど意識する必要はない．一方，水溶液中の微量なイオン成分の輸送を考える場合には，組成よりも濃度として取り扱われるほうが圧倒的に多く，そのほうが便利である．

　$N$ 成分系において，単位体積あたりの成分 $k$ の質量である質量濃度 $\rho_k$ [kg/m$^3$]と質量分率 $X_k$ [−]には，

$$\rho_k = \rho X_k \tag{4.1}$$

の関係がある．ここで，$\rho$ は物質の密度［kg/m$^3$］であり，

$$\rho = \sum_{k=1}^{N} \rho_k \tag{4.2}$$

である．保存量として物質量を用いた場合には，成分 $k$ のモル濃度 $C'_k$ [mol/m$^3$]とモル分率 $X'_k$ [−]についても**モル体積**(molar volume)$v_{\mathrm{m}}$ [m$^3$/mol]を用いて，次のようになる．

$$C'_k = \frac{X'_k}{v_{\mathrm{m}}} \tag{4.3}$$

$$\sum_{i=1}^{N} C'_k = \frac{1}{v_{\mathrm{m}}} \tag{4.4}$$

なお，質量と物質量を混同しないように便宜的に右肩にダッシュを付けている．

4.1 物質の輸送における物理量 **143**

次に各成分の速度について考える．第2章，第3章で取り扱った流体の流れ
は，一つの速度ベクトルで表現された．一方，物質が拡散している場合には，
各成分が同じ速度で流れているとは限らない．静止した座標から見た成分 $k$
の速度を $v_k$ とすると，**質量平均速度**(mass average velocity) $\overline{v}$ は次式で定義
できる．

$$\overline{v} = \sum_{k=1}^{N} \rho_k v_k \Big/ \sum_{k=1}^{N} \rho_k = \frac{1}{\rho} \sum_{k=1}^{N} \rho_k v_k \tag{4.5a}$$

同様に，物質量に対しても**モル平均速度**(molar average velocity) $\overline{v'}$ が

$$\overline{v'} = \sum_{k=1}^{N} C'_k v_k \Big/ \sum_{k=1}^{N} C'_k = v_{\mathrm{m}} \sum_{k=1}^{N} C'_k v_k \tag{4.5b}$$

と定義できる．

平均速度からの各成分の速度の偏差は**拡散速度**(diffusion velocity)と呼ばれ
る．質量平均速度 $\overline{v}$ からの偏差とモル平均速度 $\overline{v'}$ からの偏差はそれぞれ，

$$\Delta v_k = v_k - \overline{v} \tag{4.6a}$$

$$\Delta v'_k = v_k - \overline{v'} \tag{4.6b}$$

となる．このように拡散速度は，基準を質量にするか，物質量にするかにより
異なる．

流束は，熱の輸送と同様に単位時間あたりに単位面積を通過する量であり，
成分 $k$ の**質量流束**(mass flux) $j_k$ と**モル流束**(molar flux) $j'_k$ は，それぞれ

$$j_k = \rho_k v_k \tag{4.7a}$$

$$j'_k = C'_k v_k \tag{4.7b}$$

となる．

## 4.1.2 拡散の駆動力

**拡散**(diffusion)は，**原子拡散**(atomic diffusion)や**分子拡散**(molecular diffu-
sion)と同義であり，物質中で個々の原子や分子の熱的な運動により移動して
いく現象である．熱の輸送における熱伝導と同等であり，流れによる物質の輸
送と区別する必要がある．

144    第4章　物質の輸送

　第3章では，熱の輸送の駆動力として絶対温度が導出された．フーリエの法則は熱力学の第2法則に従っており，必ず熱は高温側から低温側へ移動する．一方，濃度を拡散の駆動力のように取り扱う場合が多いが，濃度は本質的には拡散の駆動力ではない．等温・等圧に保持された $N$ 成分系のギブズエネルギー $G$ [J/mol]，成分 $k$ の化学ポテンシャル $\mu_k$ [J/mol] は，成分 $k$ の物質量を $n_k$ [mol] とすると，

$$G = \sum_{k=1}^{N} n_k \mu_k \tag{4.8a}$$

$$\mu_k = \left( \frac{\partial G}{\partial n_k} \right)_{T,P,n_{l \neq k}} \tag{4.8b}$$

である．熱力学の第2法則によると，自発的な変化は系のギブズエネルギーを低下させる．そこで各成分の化学ポテンシャルを物質の輸送の駆動力とすれば，各成分の拡散は必ず系のギブズエネルギーを低下させる．フーリエの法則と同様に，成分 $k$ の流束ベクトル $\boldsymbol{j}_k$ は次式で表される．

$$\boldsymbol{j}_k = -\rho_k \boldsymbol{M}_k \nabla \mu_k \tag{4.9a}$$

$\boldsymbol{M}_k$ は，**移動度**(mobility)テンソルであり，**易動度**(mobility)と呼ばれることもある．流束は質量濃度に比例するので，右辺には移動度に加えて質量濃度 $\rho_k$ が付いている．移動度テンソル $\boldsymbol{M}_k$ に異方性がない場合には流束はスカラー量となり，成分 $k$ の $x_i$ 軸方向の流束 $j_k$ は，

$$j_k = -\rho_k M_k \frac{\partial \mu_k}{\partial x_i} \tag{4.9b}$$

となる．式(4.9a, b)は，**フィックの第1法則**(Fick's first law of diffusion)の一つの表現である．

　式(4.9a, b)が熱力学の第2法則に沿った拡散による物質の流束である．しかし，現実の実験やプロセスにおいて，物質中の各成分の化学ポテンシャルを測定することは困難であり，測定が容易な物理量を用いた表現が用いられる．例えば，流束 [kg/(m²·s)] が質量濃度 [kg/m³] の勾配に比例するとすれば，

$$j_k = -D_k \frac{\partial \rho_k}{\partial x_i} = -\rho D_k \frac{\partial X_k}{\partial x_i} \tag{4.9c}$$

となり，質量濃度あるいは質量分率の勾配と関係づけられ，成分 $k$ の**自己拡散係数**(self-diffusion coefficient) $D_k$ [m$^2$/s] も定義される．

### 4.1.3 フィックの第1法則

成分 $k$ の化学ポテンシャル $\mu_k$ は，絶対温度 $T$，活量係数 $\gamma_k$，質量分率 $X_k$ を用いると，

$$\mu_k = \mu_k^0 + RT \ln(\gamma_k X_k) \tag{4.10}$$

となる．ここで，$R$ はガス定数である．式(4.10)を式(4.9b)に代入すると，

$$j_k = -\rho_k M_k RT \frac{\partial}{\partial x_i} \ln(\gamma_k X_k) = -\rho_k M_k RT \left[ \frac{1}{\gamma_k} \frac{\partial \gamma_k}{\partial x_i} + \frac{1}{X_k} \frac{\partial X_k}{\partial x_i} \right]$$

$$= -\frac{\rho_k M_k RT}{X_k} \left[ \frac{X_k}{\gamma_k} \frac{d\gamma_k}{dX_k} + 1 \right] \frac{\partial X_k}{\partial x_i} = -\rho M_k RT \left[ \frac{d \ln \gamma_k}{d \ln X_k} + 1 \right] \frac{\partial X_k}{\partial x_i} \tag{4.11a}$$

が得られる．ここでは，活量係数 $\gamma_k$ は質量分率 $X_k$ のみに依存するとしている．

式(4.9c)と式(4.11a)を比較すると，成分 $k$ の自己拡散係数 $D_k$ は次式のようになることがわかる．

$$D_k = M_k RT \left[ 1 + \frac{d \ln \gamma_k}{d \ln X_k} \right] \tag{4.12a}$$

自己拡散係数は，**固有拡散係数**(intrinsic diffusion coefficient)と呼ばれることもある．式(4.12a)で定義される自己拡散係数 $D_k$ は，質量濃度 $X_k$ の依存性も含んでおり，[ ] 内の第2項によっては $D_k < 0$ になることもある．つまり，質量濃度が高くなる方向に成分 $k$ は拡散する．このような現象は**アップヒル拡散**(uphill diffusion)と呼ばれる．なお，当然であるが，アップヒル拡散でも成分 $k$ は熱力学の第2法則に従って化学ポテンシャルが低くなる方向に拡散している．

活量係数 $\gamma_k$ が質量分率 $X_k$ に依存せずに一定の場合には，式(4.11a)は，

146    第4章 物質の輸送

$$j_k = -\rho D_k \frac{\partial X_k}{\partial x_i} \tag{4.11b}$$

となり，濃度を基準にしたフィックの第1法則になる．また，質量分率 $X_k$ が十分に0に近い場合には，活量係数 $\gamma_k$ は一定と見なせるので，**希薄合金**(dilute alloy)では，式(4.11b)のフィックの第1法則は常に成立する．

フィックの第1法則は，次式のように記述されることもある．

$$n_k = \frac{j_k}{\rho} = -D_k \frac{\partial X_k}{\partial x_i} \tag{4.12b}$$

流束 $n_k$ の単位は $[\mathrm{m/s}] = [\mathrm{m}^3/(\mathrm{m}^2 \cdot \mathrm{s})]$ であり，単位時間あたりに単位面積を通過する成分 $k$ の体積である．4.1.1項で述べたように体積は保存量ではないので，厳密には密度 $\rho$ が質量分率 $X_k$ に依存すると式(4.12b)は成立しない．

### 4.1.4 運動量・熱・物質の拡散の類似性

第2章の運動量の輸送では，せん断応力とせん断ひずみ速度の関係が示され，第3章ではフーリエの法則として熱流束と温度勾配の関係が示された．フィックの第1法則は，物質の流束と拡散の駆動力としての濃度勾配の関係であり，先の二つと類似している．それぞれの関係をまとめると，せん断応力，熱流束，物質の流束は次式で示される．

$$\tau = \nu \frac{d(\rho u_1)}{dx_2} \tag{4.13a}$$

$$q = -\alpha \frac{d(\rho C_p T)}{dx_2} \tag{4.13b}$$

$$j = -D \frac{\partial \rho}{\partial x_2} \tag{4.13c}$$

ここで，$\rho u_1$ は単位体積あたりの運動量，$\rho C_p T$ は単位体積あたりの熱エネルギー，$\rho$ は単位体積あたりの成分の質量(質量密度)である．$\nu$ は動粘度，$\alpha$ は熱拡散率，$D$ は自己拡散係数である．いずれも比例係数として定義された物性値であり，次元は $[\mathrm{m}^2/\mathrm{s}]$ である．

式(4.13)の3式から明らかなように，それぞれの物性値の大きさの違いが流れ，運動量・熱・物質の輸送の形態に影響する．第3章で無次元数であるプラ

ントル数 $Pr$ の定義をすでに学習したが，式(4.13)の3式から，次のように**プラントル数**(Prandtl number)$Pr$，**シュミット数**(Schmidt number)$Sc$，**ルイス数**(Lewis number)$Le$ の三つの無次元数が定義されている．

$$Pr = \frac{\nu}{\alpha} \tag{4.14}$$

$$Sc = \frac{\nu}{D} \tag{4.15}$$

$$Le = \frac{\alpha}{D} \tag{4.16}$$

物質の物性値のみで決まるこれらの無次元数を用いることで，運動量・熱・物質の輸送を相互に比較することができる．さらに，運動量・熱・物質の輸送を連成して解析するときに，物理現象の特徴を無次元数で整理することができる．

## 4.2 物質の輸送と質量保存

### 4.2.1 多成分系の移流拡散方程式

図4-1は，検査体積に流入，流出する成分 $k$ の収支を示している．ただし，$x_1$ 方向のみを表示している．成分 $k$ の $x_1$ 方向の流束を $q_{1,k}$ とすると，

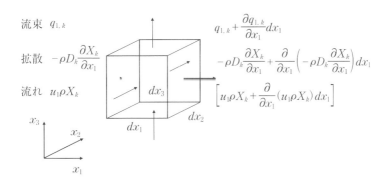

図4-1 検査体積(微小要素)における成分の収支．ただし，$x_1$ 方向のみを表示している．

148　第4章　物質の輸送

$$q_{1,k}(dx_2\,dx_3)\,dt = \left[-\rho D_k \frac{\partial X_k}{\partial x_1} + u_1\,\rho X_k\right](dx_2\,dx_3)\,dt \qquad (4.17)$$

となる．なお，流速 $u_1$ は流れや熱の輸送で用いた物質の流速であり，式(4.5a)で定義された質量平均速度 $\overline{v}$ ではない．式(4.17)は，熱の輸送における式(3.16)と本質的に同じであり，検査体積における成分 $k$ の収支を考えると，

$$(\rho dX_k)(dx_1\,dx_2\,dx_3)$$

$$= \left[q_{1,k} - \left(q_{1,k} + \frac{\partial q_{1,k}}{\partial x_1}dx_1\right)\right](dx_2\,dx_3)\,dt$$

$$+ \left[q_{2,k} - \left(q_{2,k} + \frac{\partial q_{2,k}}{\partial x_2}dx_2\right)\right](dx_3\,dx_1)\,dt$$

$$+ \left[q_{3,k} - \left(q_{3,k} + \frac{\partial q_{3,k}}{\partial x_3}dx_3\right)\right](dx_1\,dx_2)\,dt \qquad (4.18)$$

となる．したがって，検査体積における質量保存を考えると，

$$\frac{\partial}{\partial t}(\rho X_k) + \left[u_1\frac{\partial}{\partial x_1}(\rho X_k) + u_2\frac{\partial}{\partial x_2}(\rho X_k) + u_3\frac{\partial}{\partial x_3}(\rho X_k)\right]$$

$$+ (\rho X_k)\left(\frac{\partial u_1}{\partial x_1} + \frac{\partial u_2}{\partial x_2} + \frac{\partial u_3}{\partial x_3}\right)$$

$$= \left[\frac{\partial}{\partial x_1}\left(D_k\frac{\partial}{\partial x_1}(\rho X_k)\right) + \frac{\partial}{\partial x_2}\left(D_k\frac{\partial}{\partial x_2}(\rho X_k)\right)\right.$$

$$\left. + \frac{\partial}{\partial x_3}\left(D_k\frac{\partial}{\partial x_3}(\rho X_k)\right)\right] \qquad (4.19\mathrm{a})$$

$$\frac{\partial}{\partial t}(\rho X_k) + (\boldsymbol{u}\cdot\nabla)(\rho X_k) + (\rho X_k)\nabla\cdot\boldsymbol{u} = \mathrm{div}[D_k\,\mathrm{grad}(\rho X_k)] \qquad (4.19\mathrm{b})$$

となる．この式は質量保存の式であるが，流れにおける連続の式と混同しやすい．流れがある場合の質量保存の式(4.19b)は，移流方程式と拡散方程式を組み合わせた方程式であり，本書では**移流拡散方程式**(convection-diffusion equation) と 呼 ぶ．な お，移 流 方 程 式 は，$\partial(\rho X_k)/\partial t + (\boldsymbol{u}\cdot\nabla)(\rho X_k) + (\rho X_k)\nabla\cdot\boldsymbol{u} = 0$ であり，実質微分を $0$ とした方程式である．密度 $\rho$ が圧力 $P$ や質量分率 $X_k$ に依存せずに一定であれば，移流拡散方程式は次式のように簡略化できる．

$$\frac{\partial X_k}{\partial t} + \left( u_1 \frac{\partial X_k}{\partial x_1} + u_2 \frac{\partial X_k}{\partial x_2} + u_3 \frac{\partial X_k}{\partial x_3} \right)$$

$$= \left[ \frac{\partial}{\partial x_1} \left( D_k \frac{\partial X_k}{\partial x_1} \right) + \frac{\partial}{\partial x_2} \left( D_k \frac{\partial X_k}{\partial x_2} \right) + \frac{\partial}{\partial x_3} \left( D_k \frac{\partial X_k}{\partial x_3} \right) \right] \qquad (4.20a)$$

$$\frac{\partial X_k}{\partial t} + (\boldsymbol{u} \cdot \nabla) X_k = \mathrm{div}[D_k \,\mathrm{grad}\, X_k] \qquad (4.20b)$$

さらに，拡散係数 $D_k$ が濃度に依存しない場合には移流拡散方程式は次式になる．

$$\frac{\partial X_k}{\partial t} + \left( u_1 \frac{\partial X_k}{\partial x_1} + u_2 \frac{\partial X_k}{\partial x_2} + u_3 \frac{\partial X_k}{\partial x_3} \right) = D_k \left( \frac{\partial^2 X_k}{\partial x_1^2} + \frac{\partial^2 X_k}{\partial x_2^2} + \frac{\partial^2 X_k}{\partial x_3^2} \right) \quad (4.21a)$$

$$\frac{\partial X_k}{\partial t} + (\boldsymbol{u} \cdot \nabla) X_k = D_k \nabla^2 X_k \qquad (4.21b)$$

式(4.19)～(4.21)はいずれも移流拡散方程式であるが，密度や拡散係数の条件により移流方程式の表式は大きく違う．

## 4.2.2 拡散方程式

物質に流れがない場合，移流拡散方程式は**拡散方程式**(diffusion equation)になる．式(4.19a)において，流速を 0 とした拡散方程式にすると，

$$\frac{\partial}{\partial t} (\rho X_k) = \left[ \frac{\partial}{\partial x_1} \left( D_k \frac{\partial}{\partial x_1} (\rho X_k) \right) + \frac{\partial}{\partial x_2} \left( D_k \frac{\partial}{\partial x_2} (\rho X_k) \right) \right.$$

$$\left. + \frac{\partial}{\partial x_3} \left( D_k \frac{\partial}{\partial x_3} (\rho X_k) \right) \right] \qquad (4.22)$$

となる．さらに，式(4.20a)と式(4.21a)において流速を 0 とした拡散方程式は，それぞれ

$$\frac{\partial X_k}{\partial t} = \left[ \frac{\partial}{\partial x_1} \left( D_k \frac{\partial X_k}{\partial x_1} \right) + \frac{\partial}{\partial x_2} \left( D_k \frac{\partial X_k}{\partial x_2} \right) + \frac{\partial}{\partial x_3} \left( D_k \frac{\partial X_k}{\partial x_3} \right) \right] \qquad (4.23)$$

$$\frac{\partial X_k}{\partial t} = D_k \left( \frac{\partial^2 X_k}{\partial x_1^2} + \frac{\partial^2 X_k}{\partial x_2^2} + \frac{\partial^2 X_k}{\partial x_3^2} \right) \qquad (4.24)$$

となる．このように，図 4-1 に示した検査体積において流れを 0 にして物質の収支を考えると，式(4.22)～(4.24)は導出される．

150　第4章　物質の輸送

### 4.2.3　相互拡散

固相中の拡散では流れを無視し，移流拡散方程式ではなく拡散方程式を用いることも多い．しかし，固相内の拡散でも移流拡散方程式の取り扱いが必要な場合がある．ここでは，移流拡散方程式に基づいて固体中の相互拡散を考える．簡単のため，自己拡散係数および密度は質量分率に依存しないとし，A–B二元系合金の一次元の相互拡散を考える．成分AとBのそれぞれの流束$j_A$と$j_B$は，それぞれの質量分率を$X_A, X_B$とすると，

$$j_A = -\rho D_A \frac{\partial X_A}{\partial x_1} + \rho X_A u_1 \tag{4.25}$$

$$j_B = -\rho D_B \frac{\partial X_B}{\partial x_1} + \rho X_B u_1 \tag{4.26}$$

である．ここで，$D_A$と$D_B$は成分Aと成分Bの自己拡散係数であり，$\rho$は密度，$u_1$は$x_1$軸方向の速度である．成分Aと成分Bを合わせた物質の流束$j_{NET}$は，必ず0である．したがって，

$$j_{NET} = j_A + j_B = 0 \tag{4.27}$$

となる．$X_A + X_B = 1$であることを利用すると，流速$u_1$は次式のように求められる．

$$u_1 = -(D_A - D_B)\frac{\partial X_B}{\partial x_1} \tag{4.28}$$

成分Aと成分Bの自己拡散係数に差があると$u_1 \neq 0$となり，固体内の拡散であっても物質が移動する．濃度差のある固体をじっと置いておくと自然に動くことは，少し奇妙に感じるかもしれない．金属合金の拡散機構に立ち戻ると，原子拡散は**原子空孔**(atomic vacancy)の移動により起こる．原子空孔濃度や原子空孔の拡散係数が質量分率に依存する場合，合金中の空孔濃度や拡散速度は不均一になる．もし，成分Bの質量分率が大きいほど平衡空孔濃度が増加し，原子空孔の拡散係数が一定である場合，原子空孔は実質的に成分Bの質量分率が高い領域から低い領域に移動する．原子は空孔と逆方向に移動するので，物質は動くことになる．原子空孔により原子が拡散し，構成成分ごとに

## 4.2 物質の輸送と質量保存　151

原子の拡散速度が異なる現象は，**カーケンドール効果**(Kirkendall effect)と呼ばれ，カーケンドール効果による物質の移動速度は，式(4.28)で求められた流速 $u_1$ に等しい.

成分 A と B の $x_1$ 方向の移流拡散方程式は，それぞれ

$$\frac{\partial X_A}{\partial t} + u_1 \frac{\partial X_A}{\partial x_1} = D_A \frac{\partial^2 X_A}{\partial x_1^2} \tag{4.29a}$$

$$\frac{\partial X_B}{\partial t} + u_1 \frac{\partial X_B}{\partial x_1} = D_B \frac{\partial^2 X_B}{\partial x_1^2} \tag{4.29b}$$

である. 式(4.28)を式(4.29b)に代入して展開すると，次式が導かれる.

$$\frac{\partial X_B}{\partial t} = D_B \frac{\partial^2 X_B}{\partial x_1^2} - u_1 \frac{\partial X_B}{\partial x_1} = \frac{\partial}{\partial x_1} \left[ D_B \frac{\partial X_B}{\partial x_1} - u_1 X_B \right]$$

$$= \frac{\partial}{\partial x_1} \left[ D_B \frac{\partial X_B}{\partial x_1} + X_B (D_A - D_B) \frac{\partial X_B}{\partial x_1} \right]$$

$$= \left[ X_B D_A + (1 - X_B) D_B \right] \frac{\partial^2 X_B}{\partial x_1^2} \tag{4.30}$$

となる. ここで，次式のように**相互拡散係数**(interdiffusion coefficient) $\widetilde{D}$ を定義する.

$$\widetilde{D} = X_B D_A + (1 - X_B) D_B \tag{4.31}$$

相互拡散係数 $\widetilde{D}$ は，成分 A の極限では成分 B の自己拡散係数に収束し，成分 B の極限では成分 A の自己拡散係数に収束する. 式(4.31)を式(4.30)に代入すると，

$$\frac{\partial X_D}{\partial t} = D \frac{\partial^2 X_D}{\partial x_1^2} \tag{4.32}$$

となり，相互拡散の拡散方程式が導かれる. この方程式は一見すると拡散方程式に見えるが，本質的に移流拡散方程式である. 各成分の自己拡散の差から流速が決定するので，相互拡散係数を用いると拡散方程式と同じ取り扱いが可能になる.

## 4.2.4 電気泳動

電気分解や電析プロセスは，荷電粒子を含んだ水溶液などの溶媒に電場を印加して，正イオンを負極側へ，負イオンを正極側に輸送するプロセスである．イオンは配位結合や水素結合により他のイオンとまとまった錯体になるので原子拡散に比べて複雑であるが，ここでは単純に荷電した原子について取り扱う．荷電粒子の輸送は，流れ，拡散，電場による泳動が担うが，イオンの輸送も4.1.2項の駆動力と4.1.3項のフィックの第1法則に基づいて考えることができる．

成分$k$のイオンの荷電数を$z_k$，質量濃度を$C_k$ [kg/m$^3$] とする．このイオンが電位$\phi$に存在するとき，このイオンの化学ポテンシャル$\mu_k$は，式(4.10)と同様に

$$\mu_k = [\mu_k^0 + RT \ln(\gamma_k C_k)] + z_k F \phi \tag{4.33}$$

である．ここで，$F$はファラデー定数である．イオンの質量濃度$C_k$は低く，活量係数$\gamma_k$は一定であると見なせるとして，式(4.33)を式(4.9b)に代入すると，$x_i$方向の成分$k$のイオンの流束$j_{i,k}$は，

$$j_{i,k} = -C_k M_k \frac{\partial \mu_k}{\partial x_i} = -C_k M_k \left[ \frac{RT}{C_k} \frac{\partial C_k}{\partial x_i} + z_k F \frac{\partial \phi}{\partial x_i} \right] \tag{4.34a}$$

となる．ここで，拡散係数を$D_k = M_k RT$と定義すると，イオンの流束$j_k$は，

$$j_{i,k} = -D_k \frac{\partial C_k}{\partial x_i} - \frac{D_k z_k C_k F}{RT} \frac{\partial \phi}{\partial x_i} \tag{4.34b}$$

と導かれる．この式は，**ネルンスト-プランクの式** (Nernst-Planck equation) と呼ばれている．さらに，三次元のネルンスト-プランクの式は次式となる．

$$\boldsymbol{j}_k = -D_k \nabla C_k - \frac{D_k z_k C_k F}{RT} \nabla \phi \tag{4.34c}$$

ただし，拡散係数に異方性がないとしている．

このように化学ポテンシャルの勾配を拡散の駆動力として取り扱うと，原子拡散だけでなく，イオンの拡散も取り扱うことができた．化学ポテンシャルを用いることで物質の輸送を熱力学の第2法則に沿って表現するので，電位以外

でも温度場，応力場などを化学ポテンシャルに含めることで，複雑な拡散現象の解析も可能である．さらに，式(4.17)の検査体積における物質の収支に多様な場の寄与を含めた流束を代入すると，流れも含めて物質の輸送を解析できる．

### 4.2.5 乱流拡散

3.4.3項ではレイノルズ平均を用いたエネルギー保存の式を導出して，熱流束が乱流により増加することが示された．質量も熱エネルギーと同じ保存量であるので，同様の取り扱いが可能である．3.4.3項と同様に非圧縮性流体として式(4.21a)をレイノルズ分解すると，

$$\frac{\partial (\overline{X_k} + X_k')}{\partial t} + \frac{\partial [(\overline{u_i} + u_i')(\overline{X_k} + X_k')]}{\partial x_i} = \frac{\partial}{\partial x_i}\left(D_k \frac{\partial (\overline{X_k} + X_k')}{\partial x_i}\right) \quad (4.35)$$

となる．煩雑になるのを避けるため，総和の記号は省略している．この式をレイノルズ平均を行って整理すると，

$$\frac{\partial \overline{X_k}}{\partial t} + \overline{u_i}\frac{\partial \overline{X_k}}{\partial x_i} = \frac{\partial}{\partial x_i}\left(D_k \frac{\partial \overline{X_k}}{\partial x_i} - \overline{u_i' X_k'}\right) \quad (4.36)$$

が導出される．これは，乱流により物質の輸送が促進することを示している．本書では取り扱わないが，乱流のモデル化と近似により複雑な乱流における物質の輸送も解析することが可能である．

### 4.2.6 一方拡散

図 4-2 は，等圧，等温に保持された細管内での成分 B の蒸発と拡散を模式的に示している．細管の下部で蒸発した成分 B が，拡散により上方に輸送される．上部の拡大部まで拡散してきた成分 B は速やかに細管外に輸送される．成分 B が蒸発している位置を $x_1 = 0$ として，蒸発界面では化学平衡が成立しており，成分 B の質量分率は $X_B^0$ とする．上部の拡大部の位置は $x_1 = L$ であり，この位置の成分 B の質量分率は一定値 $X_B^L$ に保持されている．ただし，$X_B^0 > X_B^L$ であり，成分 A の蒸発はない．

定常状態では，蒸発している成分 B の流束は位置によらず一定であり，蒸発しない成分 A の流束は位置によらず 0 である．つまり，2 成分系において

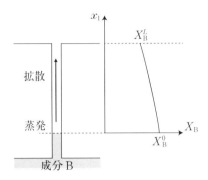

図 4-2　細管内における成分 B の蒸発と拡散の模式図.

成分 B のみが拡散している状態であり，**一方拡散**(unidirectional diffusion)と呼ばれる．細管内の成分 A と成分 B の流束はそれぞれ，

$$j_A = -\rho D_A \frac{\partial X_A}{\partial x_1} + \rho X_A u_1 = 0 \tag{4.37}$$

$$j_B = -\rho D_B \frac{\partial X_B}{\partial x_1} + \rho X_B u_1 \equiv J_{ev} \tag{4.38}$$

である．ここで，$J_{ev}$ は蒸発の流束であり，定常状態であるため一定である．式(4.37)から流体の速度 $u_1$ は，

$$u_1 = \frac{D_A}{X_A} \frac{\partial X_A}{\partial x_1} \tag{4.39}$$

となる．これを式(4.38)に代入すると，

$$J_{ev} = -\rho \frac{(1-X_B)D_B + X_B D_A}{1-X_B} \frac{\partial X_B}{\partial x_1} = -\rho \frac{\widetilde{D}_{AB}}{1-X_B} \frac{\partial X_B}{\partial x_1} \tag{4.40}$$

となる．ただし，$\widetilde{D}_{AB}$ は相互拡散係数である．

　蒸発している成分 B は希薄であり，質量分率が十分に小さいときには，$\widetilde{D}_{AB}$ は一定と見なされる．定常状態では質量分率 $X_B$ は位置 $x_1$ にのみ依存するので，式(4.40)は常微分方程式になる．境界条件を使って定積分すると，成分 B の流束，成分 B の質量分率の分布は，それぞれ

$$J_{ev} = \frac{\rho \widetilde{D}_{AB}}{L} \ln \frac{1 - X_B^L}{1 - X_B^0} \tag{4.41}$$

$$\frac{1 - X_B}{1 - X_B^0} = \left( \frac{1 - X_B^L}{1 - X_B^0} \right)^{x_1/L} \tag{4.42}$$

となる.

## 4.2.7 運動量・熱・物質の輸送における基礎方程式

第2章，第3章，本章で，それぞれ運動量・熱・物質の輸送に関する基礎方程式を学習した．これらの基礎方程式は次で示すように，連続の式，運動量保存の式であるナビエ-ストークスの式，エネルギー保存の式，移流拡散方程式である．

$$\nabla \cdot \boldsymbol{u} = 0 \tag{4.43}$$

$$\rho \frac{D\boldsymbol{u}}{Dt} = - \nabla P + \mu \nabla^2 \boldsymbol{u} + \rho \boldsymbol{g} \tag{4.44}$$

$$\rho C_p \frac{DT}{Dt} = \lambda \nabla^2 T \tag{4.45}$$

$$\frac{DX_k}{Dt} = D_k \nabla^2 X_k \tag{4.46}$$

これらの式を連成して解くと，運動量・熱・物質の輸送が相互に影響する複雑な輸送現象を解析できる．

無次元化された長さ $X$，時間 $\tau$，速度 $U$，温度 $T^*$，圧力 $P^*$，濃度 $C^*$，外力 $F^*$ で，基礎方程式を無次元化すると，

$$\nabla^* \cdot \boldsymbol{U} = 0 \tag{4.47}$$

$$\frac{D\boldsymbol{U}}{D\tau} = - \nabla^* F^* + \frac{1}{Re} \nabla^{*2} \boldsymbol{U} \tag{4.48}$$

$$\frac{DT^*}{D\tau} = \frac{1}{Re \cdot Pr} \nabla^{*2} T^* \tag{4.49}$$

$$\frac{DC^*}{D\tau} = \frac{1}{Re \cdot Sc} \nabla^{*2} C^* \tag{4.50}$$

となる．ただし，$\nabla^*$ は無次元化されたナブラ演算子である．運動量・熱・物質の輸送における相似則は，式(4.47)〜(4.50)のようにレイノルズ数 $Re$，プ

156 　第 4 章　物質の輸送

ラントル数 $Pr$, シュミット数 $Sc$ で整理できる.

　運動量・熱・物質の輸送を連成した現象では, ほぼすべてのケースでコンピュータを用いた数値解析が行われているが, 現象が複雑になるほど計算量も増加する. 計算機の能力の向上に伴い解析対象も拡大していくと考えられる. 一方, 数値計算以前に複雑な現象を俯瞰して把握する上で, 式(4.47)〜(4.50)に含まれている無次元数は助けになる.

# 演習 4

【1】 純金属(アルミニウム，チタニウム，鉄など)の融液，水，エタノール，高分子について，プラントル数 $Pr$，シュミット数 $Sc$，ルイス数 $Le$ を調べ，物質の特徴を整理せよ.

【2】 式(4.12a)の自己拡散係数の式に関する問いに答えよ.
(1)成分 $k$ の自己拡散係数 $D_k$ が負になる数学的条件を求めよ.
(2)熱力学の観点から自己拡散係数 $D_k$ が負になる条件を説明せよ.

【3】 式(4.9c)のフィックの第1法則に関する問いに答えよ.
(1)希薄合金において常に成り立つといえる. その理由を述べよ.
(2)高合金(構成元素の組成が高い合金)でも成立することがある. 成立する条件を説明せよ.

【4】 式(4.31)の相互拡散係数の式に関する問いに答えよ.
(1)相互拡散係数が組成によらず一定である条件を求めよ.
(2)相互拡散係数が負になる条件を求めよ.
(3)熱力学の観点から相互拡散係数が負になる条件を説明せよ.

【5】 拡散の駆動力を化学ポテンシャルとしたとき，拡散に関する問いに答えよ.
(1)均一な組成の物質を温度勾配下に置くと濃度が不均一になることがある. その機構について説明せよ.
(2)均一な組成の物質に不均一な圧力を加えると濃度が不均一になることがある. その機構について説明せよ.
(3)純物質に不均一な圧力を加えると質量平均速度が0でなくなることがある. その機構について説明せよ.

【6】 乱流拡散について，次の問いに答えよ.
(1)式(4.36)は乱流により物質輸送が促進することを示している. 物質の輸送が促進する根拠を述べよ.

【7】 一方拡散について，次の問いに答えよ.
(1)式(4.41)，(4.42)を導出せよ.

## 158　第4章　物質の輸送

【8】 運動量・熱・物質の輸送における基礎方程式について，次の問いに答えよ．
(1) 式(4.47)〜(4.50)を導出せよ．

【9】 図 4e-1 に示した，$x_1>0$ の領域における A-B 二成分系における成分 B の濃度を考える．ただし，次の条件を満たしているとする．
- 定常状態であり，成分 B の濃度は時間変化しない．
- $x_1>0$ では一次元の均一な流れがあり，流動速度は $-u$ である．
- $x_1=0$ における成分 B の濃度はつねに $C_B=C_0$ である．
- $x_1\to\infty$ における成分 B の濃度はつねに $C_B=0$ である．

(1) 成分 B の固有拡散係数を $D_B$ として，$x_1>0$ の領域における成分 B の濃度分布を求めよ．

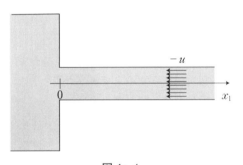

図 4e-1

# 索　引

## あ

圧縮性物質
compressible material ·················20

圧縮性流体
compressible fluid ·····················20

アップヒル拡散
uphill diffusion ························145

圧力
pressure·································29

圧力損失
pressure loss ···························41

アルキメデスの原理
Archimedes' principle ·················32

## い

位置エネルギー
potential energy························32

一様な流れ
uniform flow···························64

一様流
uniform flow···························27

一方拡散
unidirectional diffusion ···············154

移動度
mobility ······························144

易動度
mobility ······························144

移流拡散方程式
convection-diffusion equation ··········148

## う

ヴィーデマン-フランツ則
Wiedemann-Franz law ·················81

ヴィーデマン-フランツ-ローレンツ則
Wiedemann-Franz-Lorentz law ·······81

## ウィーンの公式
Wien's law ···························107

渦度
vorticity ······························25

渦度テンソル
vorticity tensor·······················25

運動エネルギー
kinetic energy ·························36

運動量
momentum ····························· 1

## え

エネルギー損失
energy loss ····························41

エネルギーの式
energy equation ························84

エネルギー保存の式
energy conservation formula ···········84

エンタルピー
enthalpy·······························35

円柱座標系
cylindrical coordinate system ··········· 9

エントロピー
entropy·······························76

## お

オイラー座標系
Euler coordinate system ················20

オイラーの方法
Euler method ··························20

オイラーの平衡方程式
Euler's equilibrium equation ···········31

## か

カーケンドール効果
Kirkendall effect ·····················151

159

160　索　引

灰色体
　gray body ································· 118

回転
　rotation ································· 8

拡散
　diffusion ······························ 143

拡散速度
　diffusion velocity ····················· 143

拡散反射
　diffuse reflection ····················· 124

拡散方程式
　diffusion equation ···················· 149

核沸騰
　nucleate boiling······················· 130

可視光
　visible light ···························81

ガス輻射
　gas radiation ························· 125

ガス放射
　gas radiation ························· 125

過熱度
　superheat ···························· 130

完全流体
　perfect fluid ···························39

管摩擦係数
　pipe friction factor ····················43

き

気孔率
　porosity································46

擬塑性流体
　pseudoplastic fluid ·····················19

希薄合金
　dilute alloy ························· 146

ギブズエネルギー
　Gibbs energy ··························· 5

球座標系
　spherical coordinate system ············· 9

吸収率
　absorptivity ·························· 118

境界層
　boundary layer ·······················64

境界層近似
　boundary layer approximation ·········91

境界層方程式
　boundary layer equation ··············· 65

凝固
　solidification ··························· 2

強制対流
　forced convection ·····················88

鏡面反射
　specular reflection ···················· 124

局所加速度
　local acceleration ·····················23

キルヒホッフの法則
　Kirchhoff's law······················ 120

均等拡散透過面
　uniform transmitting diffuser ········ 124

均等拡散反射
　uniform reflecting diffuser ············ 124

く

グラスホフ数
　Grashoff number ························· 106

け

形態係数
　configuration factor ···················· 122

結晶成長
　crystal growth ··························· 2

検査体積
　control volume························· 21, 33

原子拡散
　atomic diffusion ························· 143

原子空孔
　atomic vacancy·························· 150

索　引　161

## こ

光子
photon ……………………………… 116

格子振動
lattice vibration ……………………… 79

勾配
gradient …………………………… 6,10

コーシーの運動方程式
Cauchy's equation of motion ………… 53

黒体
black body ……………………… 108

黒体放射スペクトル
blackbody radiation spectrum ……… 107

黒体炉
black body furnace ……………… 109

固体
solid …………………………………… 15

固有拡散係数
intrinsic diffusion coefficient ……… 145

## し

自己拡散係数
self-diffusion coefficient …………… 145

自然対流
natural convection ……………… 56,101

実質加速度
material acceleration ………………… 23

実質微分
substantial derivative ……………… 10,23

質量
mass ……………………………… 141

質量濃度
mass concentration ……………… 141

質量分率
mass fraction …………………… 142

質量平均速度
mass average velocity ……………… 143

質量保存則
law of conservation of mass ………… 32

質量流束
mass flux ……………………… 143

シュミット数
Schmidt number …………………… 147

状態数
number of states ……………… 77,110

状態量
quantity of state ……………………… 5

蒸発曲線
boiling curve ……………………… 130

蒸発熱
heat of evaporation ……………… 128

常微分
ordinary differential ………………… 5

## す

スカラー量
scalar quantity ……………………… 6,10

ステファン-ボルツマン定数
Stefan-Boltzmann constant ………… 115

ステファン-ボルツマンの法則
Stefan-Boltzmann's law …………… 115

ストークス近似
Stokes' approximation ……………… 65

ストークスの式
Stokes equation ……………………… 67

## せ

赤外線
infrared light ………………………… 81

析出
precipitation ………………………… 2

絶対温度
absolute temperature ……………… 75

遷移沸騰
transition boiling ……………… 131

遷移領域
transition region …………………… 28

せん断応力
shear stress ………………………… 16

162 索引

せん断弾性率
shear modulus ·················17
せん断ひずみ
shear strain ·················17
せん断ひずみ速度
shear strain rate ·················17
全微分
total differential ·················5

### そ

相互拡散係数
interdiffusion coefficient ···············151
層流
laminar flow ·················27
層流境界層
laminar boundary layer ·················64
層流底層
laminar bottom layer ·················64
総和記号の省略
omission of the summation symbol ·····12
組成
composition ·················141
塑性変形
plastic deformation ·················15
塑性流体
plastic fluid ·················18
塑性流動
plastic flow ·················19

### た

対称伸縮振動
symmetrical stretching vibration·····125
体積弾性率
bulk modulus·················20
体積膨張率
volumetric expansion rate ··············103
体積力
body force ·················29
ダイラタント流体
dilatant fluid·················19

対流
convection ·················101
対流加速度
convective acceleration ·················23
多孔質媒体
porous media·················46
弾性変形
elastic deformation ·················15

### ち

チクソトロピー性流体
thixotropic fluid·················19
チョクラルスキー法（Cz 法）
Czochralski method ·················3
直交座標系
cartesian coordinate system
orthogonal coordinate system ···········7

### て

定圧比熱
specific heat at constant pressure ····128
抵抗係数
resistance coefficient·················67
電気双極子
electric dipole ·················81
電気伝導率
electric conductivity ·················80
電磁吸収
electromagnetic absorption ···········81
電磁波
electromagnetic waves·················81
電磁反射
electromagnetic reflection·················81
電磁放射
electromagnetic radiation ·················81
伝導電子
conduction electron ·················79
デンドライト
dendrite ·················3

## 索引　163

### と

透過率
　permeability ································46
動粘度
　kinematic viscosity ·····················17

### な

内部エネルギー
　internal energy ···························75
流れの相似則
　Reynolds number similarity···········62
ナビエ-ストークスの式
　Navier-Stokes equations ···············53
ナブラ演算子
　nabla operator ·····························7

### に

ニュートンの運動方程式
　Newton's equation of motion ··········47
ニュートン流体
　Newtonian fluid ·························18

### ぬ

ヌッセルト数
　Nusselt number ··························94

### ね

熱
　heat ·······································1
熱エネルギー保存の式
　thermal energy conservation formula
　··········································84
熱拡散方程式
　heat diffusion equation ················87
熱拡散率
　thermal diffusivity ·····················86
熱伝達
　heat transfer ····························82
熱伝達係数
　heat transfer coefficient ···············83

### 熱伝導

熱伝導
　heat conduction ························79
熱伝導方程式
　heat transfer equation ·················87
熱伝導率
　thermal conductivity ···················78
熱力学
　thermodynamics ·························3
熱力学の第1法則
　first law of thermodynamics ·······35,76
熱力学の第2法則
　second law of thermodynamics ·········76
熱流束
　heat flux ································78
ネルンスト-プランクの式
　Nernst-Planck equation ···············152
粘度
　viscosity ································16

### の

濃度
　concentration ··························141

### は

ハーゲン-ポアズイユ流れ
　Hagen-Poiseuille flow ··················41
バーンアウト
　burnout ································131
発散
　divergence ···························8,10
反射率
　reflectivity ····························118

### ひ

非圧縮性流体
　incompressible fluid ····················20
非一様流
　non-uniform flow ·······················27
ひずみ速度
　strain rate ······························25

# 164　索　引

ひずみ速度テンソル
strain rate tensor ……………………25
非対称伸縮振動
asymmetrical stretching vibration … 125
非ニュートン流体
non-Newtonian fluid ……………………18
微分演算子
differential operator ……………………7
ビンガム流体
Bingham fluid ……………………………19

**ふ**
フィックの第1法則
Fick's first law of diffusion …………144
フーリエの法則
Fourier's law ……………………………78
フォノン
phonon ……………………………………79
ブシネスク近似
Boussinesq approximation ……………57
物質
mass ………………………………………1
物質微分
material derivative ………………10, 23
物質量
amount of substance ……………………141
沸点
boiling point ……………………………128
プランクの法則
Planck's law ……………………………108
プラントル数
Prandtl number ……………………93, 147
分光エネルギー密度
spectral energy density ………………111
分光放射輝度
spectral radiance ………………………112
分光放射強度
spectral radiant intensity ……………112

分子拡散
molecular diffusion ……………………143

**へ**
平均自由行程
mean free path …………………………80
ベクトル量
vector quantity …………………………10
ペクレ数
Peclet number …………………………93
ベルヌーイの式
Bernoulli's formula ……………………34
偏微分
partial differential ………………………5

**ほ**
放射率
emissivity ………………………………117
ボース–アインシュタイン分布関数
Bose-Einstein distribution function
……………………………………………110
保存量
conserved quantity ………………………7
ボルツマン定数
Boltzmann constant ……………………78
ボルツマン分布
Boltzmann distribution ………………109

**ま**
膜沸騰
film boiling ……………………………131
摩擦力
friction force ……………………………41
マランゴニ対流
Marangoni convection …………………101

**み**
水モデル実験
water model experiment ………………18

## む

無極性分子
nonpolar molecules ······················ 125

## も

モル体積
molar volume ···························· 142
モル濃度
molar concentration ···················· 142
モル分率
mole fraction ···························· 142
モル平均速度
molar average velocity ················· 143
モル流束
molar flux ······························ 143

## ゆ

輸送現象論
transport phenomena ···················· 1,3

## ら

ラグランジュ座標系
Lagrange coordinate system ············· 21
ラグランジュの方法
Lagrange method ························· 20
ラグランジュ微分
Lagrange derivative ················· 10,23
ラプラス演算子
Laplace operator ························ 10
乱流
turbulence ······························ 27
乱流境界層
turbulent boundary layer 61

## り

粒子レイノルズ数
particle Reynolds number ··············· 65
流線
streamline ······························ 26
流束
flux ····································· 7
流体
fluid ···································· 15
流体粒子
fluid particle ··························· 21

## る

ルイス数
Lewis number ··························· 147

## れ

レイノルズ応力
Reynolds stress ······················ 45,99
レイノルズ数
Reynolds number ···················· 27,93
レイノルズ分解
Reynolds decomposition ················· 95
レイノルズ平均
Reynolds averaging ····················· 96
レイリー–ジーンズの公式
Rayleigh–Jeans law ···················· 107
レイリー数
Rayleigh number ······················ 106
連続体
continuum ······························ 15
連続の式
equation of continuity ··················· 48

## 著者略歴

**安田　秀幸**（やすだ　ひでゆき）

1986 年　京都大学工学部 卒業（金属加工学科）
1991 年　京都大学大学院工学研究科博士後期課程 修了
　　（金属加工専攻），工学博士
1991 年～2013 年　大阪大学工学部・大学院工学研究科 助手，助教授，
　　教授（材料開発工学科，知能・機能創成工学専攻）
2013 年～　京都大学大学院工学研究科 教授（材料工学専攻），現在に至る

金属材料やセラミックスの凝固現象，磁場などの外場を用いた組織制御などの研究に従事し，研究ツールとして放射光を利用した時間分解その場観察手法の開発にも注力している.

---

検 印 省 略

材料科学者のための輸送現象論
運動量・熱・物質の輸送を基礎から学ぶ

2025 年 3 月 31 日　第 1 版発行

著　　者　安　田　秀　幸
発 行 者　内　田　　　学
印 刷 者　山　岡　影　光

発行所　株式会社　内田老鶴圃　〒112-0012 東京都文京区大塚 3 丁目34番 3 号
電話 （03）3945-6781（代）・FAX （03）3945-6782
https://www.rokakuho.co.jp/

印刷・製本/三美印刷 K.K.

Published by UCHIDA ROKAKUHO PUBLISHING CO., LTD.
3-34-3 Otsuka, Bunkyo-ku, Tokyo, Japan

U. R. No. 687-1

ISBN 978-4-7536-5139-9 C3042　　©2025 安田秀幸

# 材料における拡散
## 格子上のランダム・ウォーク

小岩昌宏・中嶋英雄 著

A5・328 頁・定価 4400 円(本体 4000 円＋税 10%)　ISBN978-4-7536-5637-0

**1 章　拡散の現象論**　フィックの第 1, 第 2 法則／拡散方程式の解／3 次元座標における拡散方程式／種々の結晶系における拡散係数／拡散研究の歩み

**2 章　拡散の原子論 I―ランダム・ウォークと拡散**　ランダム・ウォークと拡散／フィックの式の適用限界／平均二乗変位／3 次元結晶の拡散係数

**3 章　拡散の原子論 II―拡散の機構**　いろいろな拡散機構／熱活性化過程と活性化エネルギー／駆動力がある場合の原子の移動／トラッピング効果／ブロッキング効果／パーコレーション

**4 章　純金属および合金における拡散**　空孔機構による拡散／格子間機構による拡散／金属中での不純物原子の高速拡散／高水素圧雰囲気での超多量空孔の生成と拡散の促進

**5 章　拡散による擬弾性―侵入型原子の拡散―**　侵入型不純物原子の拡散係数の表式／音叉の振動持続時間／炭素原子を含む鉄の変形挙動／固体のモデル表現／固体の力学的振動と減衰／「内部摩擦」という用語とその意味／標準擬弾性固体の周期的応力下での変形挙動／炭素原子を含む鉄の緩和現象／ねじり振り子法―慣性体を付加した系の振動

**6 章　拡散における相関効果**　完全にランダムなウォークと相関のあるウォーク／相関係数／空孔機構による拡散の相関係数―純金属の場合／希薄合金―2 次元六方格子の場合／希薄合金―面心立方格子の場合(5 ジャンプ振動数モデル)／同位体効果と相関係数

**7 章　ランダム・ウォーク理論の基礎**　格子におけるランダム・ウォーク／相関効果に関する応用／ランダム・ウォーク理論の化学反応速度論への応用

**8 章　濃度勾配下での拡散**　ボルツマン－マタノの方法／相互拡散係数と固有拡散係数／カーケンドール効果／拡散現象の一般的な定式化／流れの駆動力とフィックの第 1 法則―置換型 2 元合金を例として／相互拡散と熱力学的因子／「拡散流は化学ポテンシャル勾配に比例する」

**9 章　高速拡散路―粒界・転位・表面―に沿った拡散**　粒界拡散／転位拡散／表面拡散

**10 章　さまざまな物質における拡散**　イオン結晶／酸化物／超イオン伝導体／半導体／金属間化合物

**11 章　電場および温度勾配下での拡散**　静電場による力と伝導電子による摩擦力／純金属中のエレクトロマイグレーション／侵入型原子のエレクトロマイグレーション／集積回路におけるエレクトロマイグレーション／精製法としての応用／サーモマイグレーション

**12 章　多相系における拡散**　拡散領域に形成される相と相界面／拡散対の試料形態と出現する相／層成長の速度論／シリコンと金属薄膜の拡散対における化合物形成過程／核形成に関連する現象

**13 章　析出と粗大化の速度論**　無限媒体中の拡散方程式の解／析出粒子の成長／マトリックス中の溶質濃度の低下／Wert-Zener の解析／粗大化の理論―オストワルト成長

# 材料の速度論
## 拡散，化学反応速度，相変態の基礎

山本道晴 著

A5・256 頁・定価 5280 円(本体 4800 円＋税 10%)　ISBN978-4-7536-5135-1

固体内の拡散／反応速度／相変態の速度論／気固相反応／非金属中での拡散

# 金属の相変態　材料組織の科学 入門

榎本正人 著

A5・304 頁・定価 4180 円(本体 3800 円＋税 10%)　ISBN978-4-7536-5613-4

序論／自由エネルギーと相平衡／変態核の生成／拡散変態界面の移動／3 成分系における拡散律速成長と溶解／異相界面の構造とエネルギー／マッシブ変態／セル状析出と共析変態／マルテンサイトとベイナイト

# 再結晶と材料組織　金属の機能性を引きだす

古林英一 著

A5・212 頁・定価 4400 円(本体 4000 円＋税 10%)　ISBN978-4-7536-5614-1

再結晶とは何か／再結晶をより深く知るために

## 材料科学者のための固体物理学入門　　　　志賀正幸　著
A5・180 頁・定価 3080 円(本体 2800 円＋税 10%)　ISBN978-4-7536-5552-6

## 材料科学者のための固体電子論入門
エネルギーバンドと固体の物性　　　　　　　　志賀正幸　著
A5・200 頁・定価 3520 円(本体 3200 円＋税 10%)　ISBN978-4-7536-5553-3

## 材料科学者のための電磁気学入門　　　　志賀正幸　著
A5・240 頁・定価 3520 円(本体 3200 円＋税 10%)　ISBN978-4-7536-5554-0

## 材料科学者のための量子力学入門　　　　志賀正幸　著
A5・144 頁・定価 2640 円(本体 2400 円＋税 10%)　ISBN978-4-7536-5555-7

## 材料科学者のための統計熱力学入門　　　　志賀正幸　著
A5・136 頁・定価 2530 円(本体 2300 円＋税 10%)　ISBN978-4-7536-5556-4

## ハイエントロピー合金
カクテル効果が生み出す多彩な新物性　　　　　乾　晴行　編著
A5・296 頁・定価 5280 円(本体 4800 円＋税 10%)　ISBN978-4-7536-5137-5

## 無機固体化学　量子論・電子論　　　吉村一良・加藤将樹　著
A5・304 頁・定価 4400 円(本体 4000 円＋税 10%)　ISBN978-4-7536-3502-3

## 材料の組織形成　材料科学の進展　　　　　宮﨑　亨　著
A5・132 頁・定価 3300 円(本体 3000 円＋税 10%)　ISBN978-4-7536-5644-8

## 材料設計計算工学　計算熱力学編　増補新版
CALPHAD 法による熱力学計算および解析　　　阿部太一　著
A5・224 頁・定価 3850 円(本体 3500 円＋税 10%)　ISBN978-4-7536-5939-5

## 材料設計計算工学　計算組織学編　増補新版
フェーズフィールド法による組織形成解析　　　小山敏幸　著
A5・188 頁・定価 3520 円(本体 3200 円＋税 10%)　ISBN978-4-7536-5940-1

## 統計力学講義ノート　　　掛下知行・福田　隆・寺井智之　著
A5・180 頁・定価 3080 円(本体 2800 円＋税 10%)　ISBN978-4-7536-5557-1

## 誕生と変遷にまなぶ 熱力学の基礎　　　　　富永　昭　著
A5・224 頁・定価 2750 円(本体 2500 円＋税 10%)　ISBN978-4-7536-2072-2

# 凝固工学の基礎

## 凝固組織の成り立ちを学ぶ

安田秀幸 著

A5・232 頁・定価 4400 円(本体 4000 円＋税 10%)　ISBN978-4-7536-5138-2

## 1　序　論
1.1　凝固に関連する材料プロセスと凝固工学
1.2　凝固現象の特徴
1.3　本書で用いる輸送現象　濃度と組成／移流項のある拡散方程式／固有拡散と相互拡散／拡散の熱力学的駆動力

## 2　界　面
2.1　界面エネルギー
2.2　曲率効果
2.3　界面エネルギーの異方性
2.4　ラフ界面とファセット界面
2.5　固溶体・化合物における界面形態
2.6　固相の平衡形
2.7　ラフ・ファセット界面の選択
2.8　界面の移動

## 3　核生成
3.1　核生成の定義と種類
3.2　均一核生成
3.3　不均一核生成
3.4　核生成頻度
3.5　自由成長モデル
3.6　合金における核生成
3.7　多相凝固における核生成
3.8　核生成の連鎖

## 4　界面の安定性
4.1　界面の形状
4.2　純物質の成長界面の安定性
4.3　合金における界面の安定性
4.4　平滑界面の定常成長
4.5　組成的過冷却
4.6　界面の安定性の波長依存性
4.7　平滑な界面の絶対安定

## 5　デンドライト成長
5.1　デンドライトの形成
5.2　凝固過程のデンドライト組織の特徴　成長の異方性／固体の力学特性の発現／流体の透過性
5.3　デンドライト形状の選択
5.4　デンドライト成長の定量モデル
5.5　デンドライトアーム間隔　1 次アーム間隔／2 次アーム間隔
5.6　デンドライトアームの溶断

## 6　溶質分配
6.1　溶質分配とミクロ偏析
6.2　平衡凝固モデル
6.3　シャイルモデル
6.4　固相内拡散を考慮したミクロ偏析モデル
6.5　デンドライトアームの配置を考慮したモデル
6.6　多元系合金のミクロ偏析

## 7　急冷凝固
7.1　急冷凝固の特徴
7.2　急冷の意味
7.3　過飽和固溶体の熱力学
7.4　過飽和固溶体の速度論

## 8　凝固組織選択
8.1　凝固組織の形成と選択
8.2　共晶系の凝固　協調共晶成長した凝固組織／協調共晶成長における溶質交換／協調共晶成長におけるラメラ間隔の選択／協調共晶領域／分離共晶成長
8.3　偏晶系の凝固　2 液相分離／偏晶系における協調成長
8.4　包晶系の凝固　競合的な成長／拡散律速による連続成長(包晶凝固)／マッシブ的な固相変態を伴う凝固形態／非定常な競合成長
8.5　多元系における共晶・包晶凝固　共晶界面の不安定性／多元系における溶質分配と成長形態
8.6　等軸晶・柱状晶遷移　柱状晶／等軸晶／柱状晶－等軸晶遷移
8.7　組織選択　デンドライト先端温度と成長速度／相・組織選択基準

## 9　鋳造・凝固欠陥
9.1　マクロ偏析の概要
9.2　マクロ偏析の定義
9.3　局所溶質再分配モデル
9.4　固液共存領域の流動
9.5　流動によるマクロ偏析の発達
9.6　固液共存体の力学特性
9.7　固液共存体のせん断に対する不安定性
9.8　マクロ偏析の例　負偏析／A 偏析／V 偏析／連続鋳造における中心偏析
9.9　ポロシティの形成

https://www.rokakuho.co.jp/